应县木塔修缮方案研究

袁建力　编著

科 学 出 版 社
北 京

内 容 简 介

本书介绍了应县木塔的建筑和结构特征，分析了变形损伤状况及其产生原因，评价了木塔自建造以来主要修缮工程的技术措施和工程效果，讨论了国家文物局在 2001～2006 年期间对应县木塔修缮方案的征集与评议情况，以及目前木塔修缮保护的主要工作和进展；结合扬州大学的研究工作，介绍了以木塔“原状拨正加固”为目标的外部水平张拉复位方法、内部顶撑-张拉复位方法、内部顶托-平移复位方法，以及木塔复位后的结构加固方法。本书依据文物原状保护的原则，以图文并茂、深入浅出的方式，系统地介绍了应县木塔历代修缮工程的工艺方案，论述了现阶段应县木塔修缮方案的研究进展，力图将这一举世无双的建筑瑰宝的保护工作较为全面地呈现给读者，以激发社会各界对文化遗产保护的支持，推进应县木塔修缮工作的深入开展。

本书适用于文物保护部门、古建筑设计及工程部门的管理、科研与工程技术人员，高等院校土木工程专业、建筑学专业的教师和研究生以及热心文化遗产保护的社会各界人士。

图书在版编目(CIP)数据

应县木塔修缮方案研究/袁建力编著. —北京：科学出版社，2022.6
ISBN 978-7-03-072331-4

Ⅰ. ①应…　Ⅱ. ①袁…　Ⅲ. ①佛塔–修缮加固–研究–应县　Ⅳ. ①TU252

中国版本图书馆 CIP 数据核字(2022)第 087382 号

责任编辑：惠　雪　曾佳佳/责任校对：杨聪敏
责任印制：张　伟/封面设计：许　瑞

科 学 出 版 社 出版
北京东黄城根北街 16 号
邮政编码：100717
http://www.sciencep.com

北京中科印刷有限公司 印刷

科学出版社发行　各地新华书店经销
*
2022 年 6 月第　一　版　开本：787×1092　1/16
2022 年 6 月第一次印刷　印张：10
字数：180 000

定价：129.00 元
(如有印装质量问题，我社负责调换)

前　　言

始建于辽代清宁二年（1056 年）的山西应县佛宫寺释迦塔，俗称应县木塔，是世界现存年代最悠久、体型最高大、构造最精致的木结构楼阁式宝塔，其九层叠构的殿堂式构架和五十四种造型奇特的斗栱组合，展现了中华古建筑高超的工艺和建造水准，具有重要的历史、艺术和科学研究价值。

应县木塔在近千年的时间里经历了自然灾害、环境侵蚀以及自身材质老化，变形损伤严重。木塔的塔身总体向东北方向倾斜，其中第二层西南面歪扭明显。木塔的构件出现侧移、下挠、开裂、局部压碎等损伤现象，其中第二层构件损坏最为严重。

应县木塔自建成以来，历代政府和工匠对木塔进行了多次修缮加固，使木塔能益寿延年至今。中华人民共和国成立后，国家文物局和山西省人民政府针对应县木塔年久失修、破损严重的状况，于 1974～1981 年期间组织了抢险加固工程，对木塔进行了较为全面的修缮和加固，提高了结构抵抗风险的能力，但受当时经济和科学技术条件的限制，木塔严重变形的缺陷并未消除。

随着时间的延续，应县木塔的变形损伤状况不断恶化。据木塔管理部门 2000 年的勘测成果及现状报告，木塔处于构架体系破坏、多种病害缠身、险情不断发展、潜伏塌陷可能的危险状态，已到了非大修不可的地步，并建议尽快地确定修缮方案，尽早地实施抢修工程。

鉴于木塔在世界古建筑中独一无二的地位，为了唤醒和提高全社会的文物保护意识，在广泛地听取专家学者的意见后，国家文物局于 2001 年通过中央电视台

《东方时空》节目，向全国征集应县木塔的修缮方案。在方案征集期间，收到了全国高校、科研设计单位以及海外科研机构近百份修缮建议方案，基本可归纳为“落架大修”“抬升修缮”“现状加固”三大类。此后，国家文物局多次组织专家和技术部门进行方案优选、设计和论证，但由于应县木塔的社会关注度极高，评审专家意见分歧较大，未能确定可以实施的修缮方案。

国家文物局于2006年对应县木塔加固方案的征集、评审工作给出了指导性意见：在木塔整体保护维修方案确定、实施之前，应当针对木塔现存险情，认真研究、制定现状加固方案，采取必要的现状加固措施，有针对性地解决现阶段能够解决的问题。此后，以中国文化遗产研究院为主的科研院所和一批热心于古建筑保护的高等院校，将应县木塔的现状加固作为重点，开展了结构性能监测、模型试验、力学分析和加固方案的研制工作，并取得了较为丰富的成果。中国文化遗产研究院编制的《应县木塔严重倾斜部位及严重残损构件加固方案》于2014年得到国家文物局的原则同意，经设计优化后于2016年开展试验性施工，对木塔结构安全的维持和现状加固措施的研制进行了有益的探索。

扬州大学古建筑保护课题组自20世纪80年代起开展古建筑保护研究工作，在木构架古建筑和砖石古塔的结构性能鉴定、加固方案设计、修复装置研制方面取得了有效成果。21世纪初，课题组响应国家文物局号召，积极参与应县木塔修缮方案的研制工作，将其作为一项光荣任务尽绵薄之力。在科技部中国-意大利国际合作项目“Modern Approach to the Protection and Restoration of Architectural and Historical Heritage”和“The Chinese Pagodas and the Italian Middle Age Towers：Monitoring，Models and Structural Analysis of Some Emblematic Cases”、国家自然科学基金重点项目“古建木构的状态评估、安全极限与性能保持”、国家自然科学基金面上项目“损伤古建筑木构架抗震性能退化机理的研究”支持下，本书作者及课题组成员对应县木塔的修缮方案进行深入研究，在现场勘查、模型试验、有限元模拟分析的基础上，针对木塔楼层倾斜扭转的损伤特征，以“原状拨正加固”为目标，提出了外部水平张拉复位方法、内部顶撑-张拉复位方法、内部顶托-平移复位方法，以及木塔复位后的结构整体加固方法，研制了相应的工艺方案和复位装置，申请了国家发明专利，编著了《应县木塔修缮方案研究》一书。

本书共7章。第1章介绍了应县木塔的建筑概况、结构特征，重点分析了木塔变形损伤状况及其产生原因，为后续章节的研究提供了构造尺寸和变形损伤程度的基本依据。第2章为应县木塔历代修缮工程资料研究，介绍了木塔自建造以来主要修缮工程概况；以1974～1981年抢险加固工程为重点，结合《应县木塔勘查座谈纪要》，讨论了木塔的修缮原则和基本方法，分析、评价了此次工程的技术措施和工程效果。第3章介绍了国家文物局2001～2006年期间对应县木塔修缮方案的征集与评议概况，重点讨论了落架大修、抬升修缮、内部支承、现状加固等方案的特点以及专家的评议；以中国文化遗产研究院编制的《应县木塔严重倾斜部位及严重残损构件加固方案》为核心，介绍了方案的制定背景和主要技术措施，摘录了国家文物局批复文件的指导意见。第4章介绍了木塔外部水平张拉复位方法的技术特征和工艺方案，结合复位工艺的有限元模拟分析，评价了木塔分层张拉复位和整体张拉复位的力学性能。第5章介绍了木塔内部顶撑-张拉复位方法的技术特征和工艺方案，通过复位工艺的模型试验研究，归纳了竖向荷载、复位制度对柱圈复位规律以及回倾性能的影响。第6章介绍了木塔内部顶托-平移复位方法的技术特征和工艺方案，根据复位工艺的有限元模拟分析，考察了竖向顶托力的卸载作用，以及对水平复位效果的影响。第7章介绍了木塔复位后的结构整体加固方法，提出了基于原状保护的“四个保持”原则及要求，针对木塔结构的薄弱部位，给出了主辅柱整体性加固、柱圈环向加固和柱圈径向加固的方法和技术措施。

本书紧扣应县木塔变形损伤的特征和古建筑修缮保护的要求，归纳了历代修缮方案的技术措施，论述了现阶段修缮方案的研究进展，介绍了扬州大学研制的基于“原状拨正加固”的应县木塔复位和加固方案，试图将应县木塔修缮加固研究的状况较为全面地呈现给读者，也希望通过抛砖引玉的方式推进应县木塔保护工作的深入开展。期望本书的出版发行，将有利于推动古建筑保护领域的学术交流，促进中华优秀传统建筑工艺的继承和发展。

本书由扬州大学袁建力教授撰写，扬州市建筑设计研究院杨韵工程师协助绘图。扬州大学古建筑保护课题组的刘殿华教授、李胜才教授、沈达宝研究员以及王珏、陈韦、施颖、方应财、杨韵、彭胜男、陈良等研究生在应县木塔现场勘测、模型试验、有限元模拟分析、修缮方案和复位装置研制方面作出了重要贡献。山西大学高策教授、太原理工大学李铁英教授、山西省古建筑保护研究所所长任毅敏、应县木塔文物管理所原所长马玉江等学者、专家为本书的研究工作提供了技术支持。书中引用的资料，除所列参考文献之外，尚有部分源于国家文物局、中国文化遗产研究院、山西省古建筑保护研究所、山西省应县木塔文物管理所等单位的档案文献。在此，作者一并致以诚挚的谢意。

对于本书中存在的疏漏和不足之处，热忱希望读者和同行专家批评指正。

袁建力

于扬州大学

2021 年 8 月

目　录

第 1 章

应县木塔的结构特征与损伤状况

1.1 应县木塔的结构特征

1.1.1 木塔建筑概况

山西应县佛宫寺释迦塔，俗称应县木塔，始建于辽代清宁二年（1056 年），总高度 66.67m，底层总面阔 30.27m，是世界现存年代最悠久、体型最高大、构造最精致的木结构楼阁式宝塔。应县木塔于 1961 年被列为首批全国重点文物保护单位，2013 年被列入联合国教科文组织《中国世界文化遗产预备名单》。

应县木塔建造在砖石台基上，平面呈八角形，塔的底层为重檐并有回廊，底层以上四层均为单檐，外观为五层六檐（图 1.1（a））；因五个楼层（明层）之间设有平坐（暗层），实际结构为九层（图 1.1（b））。

木塔各层均用内、外两圈木柱支承，每层外圈有 24 根柱子，内圈有 8 根柱子，木柱之间使用普拍枋、阑额、地栿连接，在平坐中还设置了斜撑，形成一个牢固的八边形套筒式中空结构。整个木塔的木构件体积约 3100m^3，重约 1800t。

应县木塔底层南北方向各开一门，二至五层每层有四门，二层以上设平坐栏杆；塔内每层装有木楼梯，游人逐级攀登可达顶端。塔内各层中部均安置佛像，底层为释迦牟尼像，高约 11m。木塔的顶部设塔刹，砖砌刹座高 1.86m，金属塔刹高 9.91m；铁质刹杆下端伸入屋顶平梁，用方木固定，上部用八条铁链系于各屋角垂脊末端上。

(a) 木塔外观

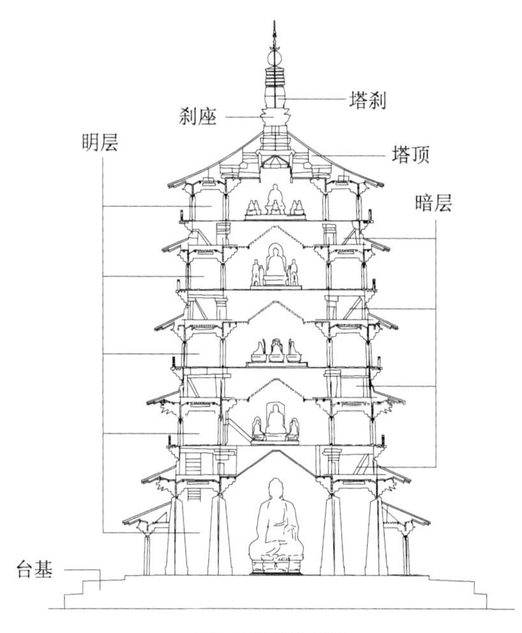

(b) 木塔分层构造

图 1.1 应县木塔

应县木塔的整体设计采用了富有华夏特色的重楼殿堂形式，将五个楼层和四个平坐层交替叠放，构成稳定的九层楼阁。木塔的构造设计独特精巧，每层之间都设置了具有悬挑、拉结、隔振作用的斗栱层，全塔采用斗栱五十四种，共四百一十六朵，与梁、枋、柱结合，形成了稳固的整体木构架。

1.1.2 木塔结构特征

1. 地基

应县木塔的地基范围包括中心受力区和周边保护区两部分。

在以八角形塔基为界的中心受力区，地基持力层为人工夯实的粉土，厚约 5m，土质均匀，夯实质量良好，低压缩性，其承载力标准值约为 420kPa。

在八角形塔基至四方形台基边界的周边保护区，地基为夯实性略差的粉土，厚约 4.65m，含有砖块和瓦片，中低压缩性。

木塔地基下卧层为天然沉积粉土，土质较为均匀，中等压缩性。

按照地震部门评定，木塔所在的塔院区场地为中硬场地土，场地类别为II类，为建筑抗震有利地段，可不考虑场地的震陷问题；地下水埋深在地面下 1.8～2.0m，场地内天然地基为不液化土，地震烈度 7 度时，场地为不液化场地。

木塔地基经承载力和沉降分析，均能满足木塔的安全性要求，这是保证木塔近千年整体稳定的必要条件。

2. 台基

木塔的台基由上、下两层构成（图 1.2），总高度 3.76m；台基周边用条石、城砖平砌，地面用块石、城砖和小砖拼凑铺砌。

台基下层是不规则的方形，各面宽度约 40m，高 1.66m。台基上层为八角形，直径 35.47m，高 2.10m，自塔体墙外皮至阶沿宽 4.77m，台阶高宽比为 1∶2.27，具有较好的稳定性。

木塔宽大牢固的台基，对塔体和基础都有较好的保护作用；建造在高大台基上的木塔，底部远离地下水气，可使木材长期处于干燥环境中，不易糟朽，这也是保证木塔整体稳定的又一有利条件。

图 1.2 应县木塔台基外景

3. 木塔平面布置

木塔的底层设柱三圈（图 1.3）；最外一圈为回廊柱，每面分为三间；第二圈为檐柱，每面也分为三间；第三圈为内槽柱，每面一间。内槽南北二面装门，其他六面筑墙，墙厚 2.86m；内槽净空直径 10.25m，中间放置一尊释迦牟尼塑像，像下八角形莲座底径 5.80m，周边留有 2.20m 宽的空间。外槽北面装门，南面设门洞，其他六面筑墙，墙厚 2.60m；内外墙间走道净宽 2.38m，在西南面架设通往上层的楼梯。

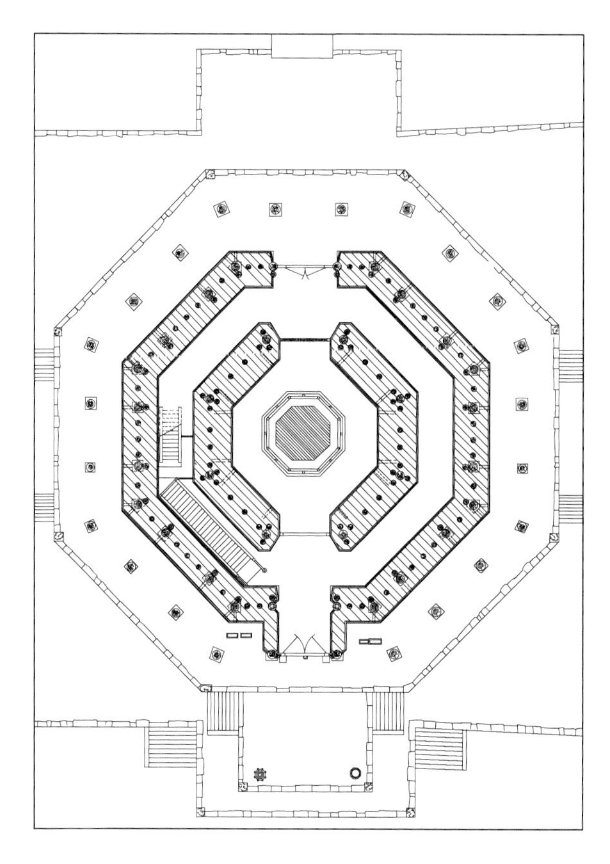

图 1.3　木塔底层平面图

木塔的第二层至第五层楼层，每层设内、外柱两圈，楼面铺木地板，除了楼梯方位不同，结构布局基本相同。图 1.4 为第二层楼层平面图，外槽柱圈每面分为三间，每间设格子门；内槽柱圈每面也分为三间，每间设半高栅栏；内槽当中设坛座，放置佛像；塔身外在平坐之上铺木地板，外缘立栏杆扶手。

各层平坐的结构布局也基本相同，每层设内、外柱两圈；外圈每面三间，内圈每面一间；平坐之内只在上下两楼梯之间铺木地板，并于两侧装板壁。图 1.5 为第三层平坐平面图。

木塔在平面上总体为对称结构，但因楼梯绕塔身顺时针旋转而上，在各层平面呈不对称布置，致使各层的几何中心不在同一中心轴上。

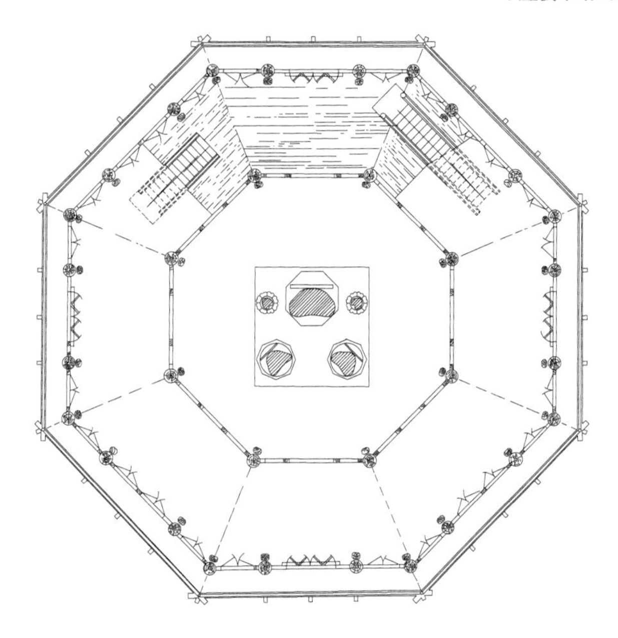

图 1.4　木塔第二层楼层平面图

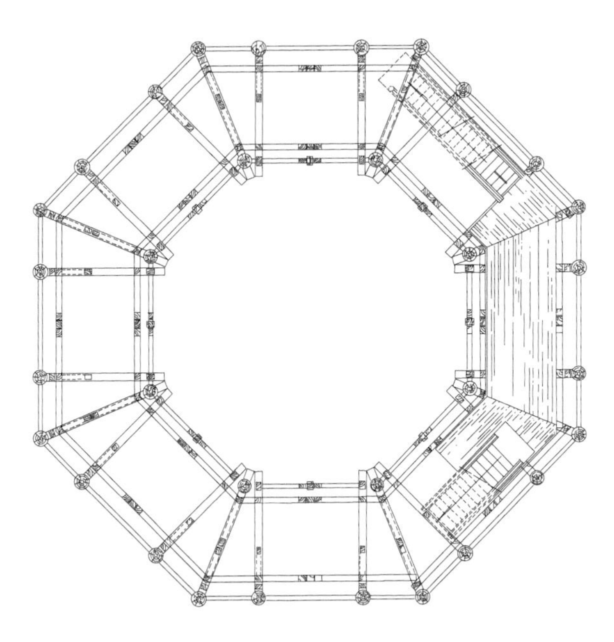

图 1.5　木塔第三层平坐平面图

4. 木塔竖向布置

木塔的塔身总高 51.14m，全部采用木构件制作和榫卯连接，其结构为五层楼层（明层）、四层平坐（暗层）和一层塔顶重叠而成。各层高度见图 1.6。

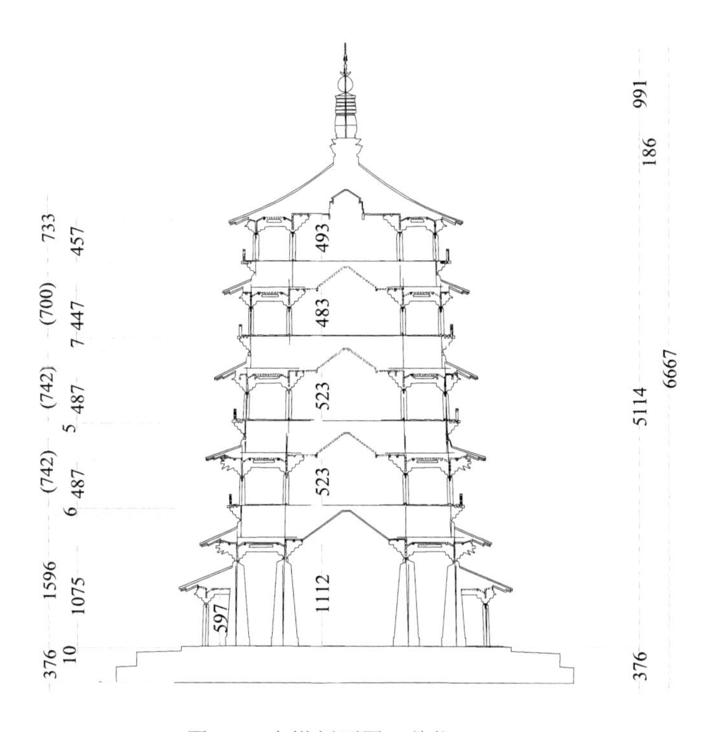

图 1.6　木塔剖面图（单位：cm）

木塔在竖向布置上采取了逐层内收和设置侧脚的方式，使得塔身外形美观、构架内拢稳定。各层内、外槽柱都设有侧脚，侧脚约为柱高的 1.7%；外檐柱内移约 1/4 柱径，侧脚又立在平坐的斗栱层上；各层平坐的柱子也向内收缩，柱脚叉立于草乳栿上。

木塔的五层楼层和四层平坐，基本上采用了同一种结构方式（图 1.7），即用普拍枋、阑额、地栿，将外槽柱、内槽柱结合成两个大小相套的八角形柱圈；在平坐中，又在内、外槽柱间设置了斜撑，进一步增强了柱圈的整体性。在柱圈的上、下部，铺放了结成整体的八角形斗栱层，既增加了楼层的高度，又将柱圈牢牢地箍住。

这种结构的特点是：在水平方向层次分明，每一层是一个整体构造，且有相互制约的关系；塔身为各层整体结构的重叠，不需要用通连的长柱也十分稳定。这种结构，可根据建筑空间需要进行尺寸调整，特别适用于大面积或高层建筑物，是中国古代木结构建筑最突出的创造。

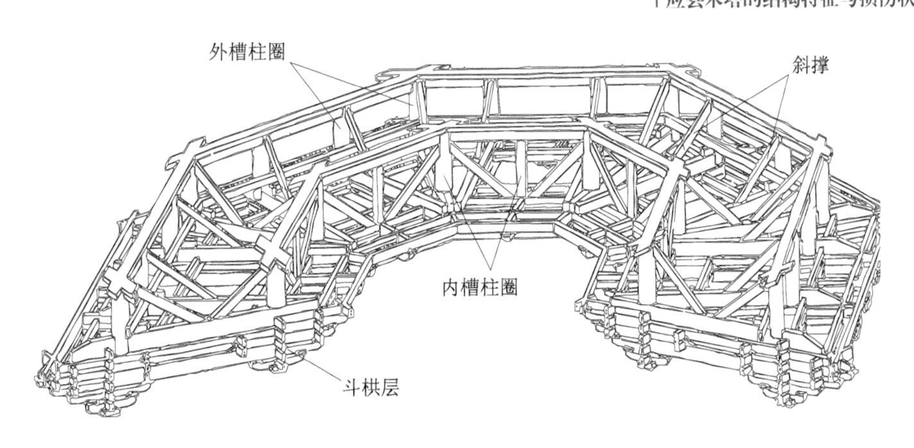

图 1.7　木塔平坐的结构示意图

木塔的楼层与平坐具有不同的使用功能，两者在构造上也有明显的差异。各楼层因通行和观瞻佛像的需要，仅设有竖向柱圈（图 1.8），且层高较大，其抗侧移刚度较小。平坐主要用于架设楼层的地板和楼梯的布置，可在其柱圈内布置环向和径向的支撑（图 1.9），且层高较小，其抗侧移刚度较大。木塔各相邻层的刚度比差别较大，在交界处的刚度突变会引起结构的应力集中和变形集中。

(a) 内槽柱圈及周围通道

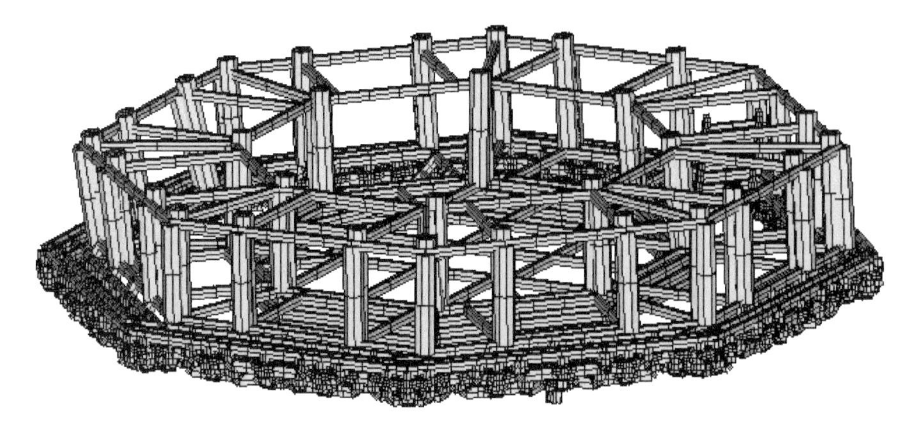

(b) 柱圈有限元模型

图 1.8 楼层（明层）结构

木塔各楼层柱圈的净高自下向上分别为 9.05m、3.16m、3.16m、2.76m、2.86m，由于底层柱圈被厚实的土墼墙所包裹，其竖向承压刚度和侧向抗推刚度都显著提高。因此，第二层柱圈就成为塔身中受力最大且相对薄弱的结构层，在长期风力和水平地震作用下，将产生大于其他楼层的侧向变形。

(a) 内、外槽柱圈中斜撑

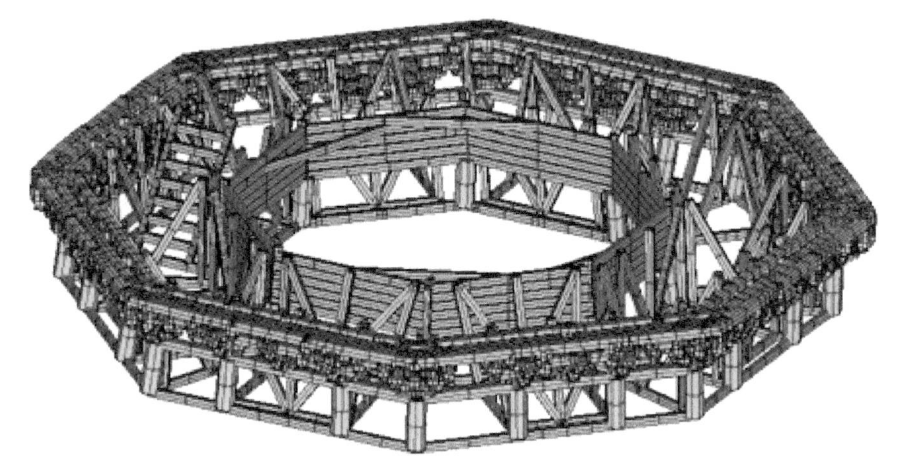

(b) 柱圈有限元模型

图 1.9　平坐（暗层）结构

5. 斗栱层构造

木塔斗栱的种类繁多，其做法因楼层与平坐的功能不同而有较大差异，但从形式和构造上看，可分为两种基本类型。

第一种类型，是用于楼层柱圈（图 1.10）和平坐外檐部位（图 1.11）的斗栱，共 416 朵，其中，柱头铺作 168 朵，转角铺作 120 朵，补间铺作 128 朵。这类斗栱基本按照传统斗栱做法，将柱头铺作、转角铺作和补间铺作设置在柱顶、角柱

(a) 内槽柱圈传统斗栱

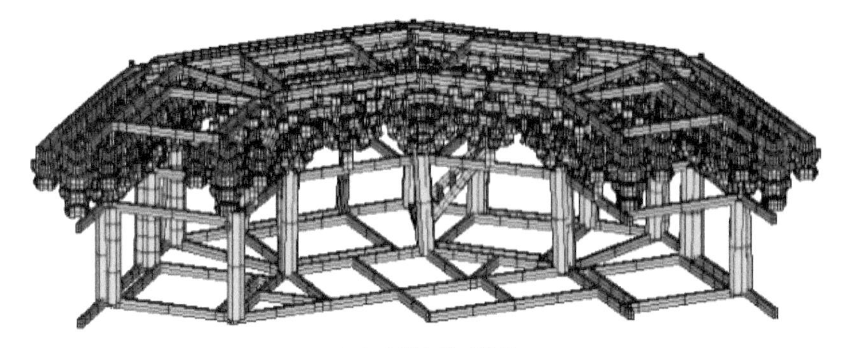

（b）斗栱有限元模型

图 1.10　第一类斗栱

顶和阑额上，再用栱枋、乳栿将内外两圈结构拉结成一个整体斗栱层（铺作层）。这类斗栱外形奇特美观，具有出跳的作用，在外檐悬挑出檐，在内槽悬挑藻井，悬挑距离最大可达 1.80m。

第二种类型，是用于平坐内槽及外檐铺作里转部位的斗栱（图 1.11）。这类斗栱是用木枋沿着内槽各面柱头缝，重叠铺设成八角形圈状体，在每个角上、每面与外檐柱相对应的位置及每面当中，再用木枋与外檐相连接，使内、外两圈结构拉结成整体斗栱层。这类斗栱没有栱枋之分，没有出跳，也不用栌斗、散斗，其形状与构造更接近原始的井干结构，但斗栱层的整体性较好，刚度更大。

（a）内槽柱圈木枋斗栱

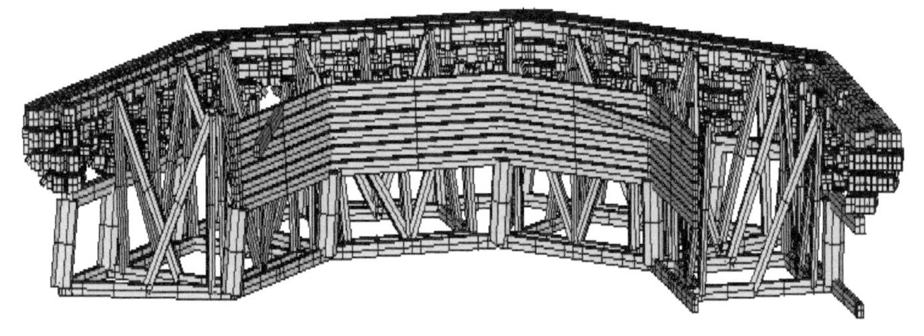

（b）斗拱有限元模型

图 1.11　第二类斗栱

第一类斗栱每层的高度约为 2.25m，第二类斗栱每层的高度约为 1.35m。由于斗栱层的存在，木塔各层八角形结构中部的高度显著增加，更加适合佛像的放置和游人的观瞻。

斗栱层具有承上启下和约束柱圈的作用，在木塔结构体系中占有重要地位。模型试验研究表明，由众多构件叠合的斗栱层具有较好的摩擦耗能作用，在地震作用下可以消耗部分地震能量，减轻木塔的损伤。但是，传统斗栱由较多的小构件组成，且构件多为横纹受压，易变形损坏；随着木材的老化和榫卯的松动，斗栱的整体性和刚度将显著下降，在强风和水平地震作用下，易产生较大的侧向变形，从而加剧了木塔的层间位移。

6. 底层土墼墙

木塔底层沿内外槽砌筑土墼墙（参见图 1.3、图 1.6），外槽墙底部厚度 2.60m、顶部厚度 1.66m，内槽墙底部厚度 2.86m、顶部厚度 1.70m，土墼墙高达底层柱子顶部，将柱子完全包砌在墙内。图 1.12、图 1.13 分别为内、外槽土墼墙的下部、顶部照片。

土墼墙下部的砖隔碱高 81cm，用 40cm×18cm×7.5cm 大砖砌筑，砖上加 10cm 厚木骨一层，其上垒砌土墼墙。土墼墙为黄泥土坯，土坯尺寸 34cm×16cm×5.5cm，砌法为一立一卧。

高大厚实的土墼墙将底层柱子全部包裹，有效地提高了柱子的稳定性和抗压能力，且墙体具有很好的竖向承压刚度和侧向抗推刚度，保证了木塔底层稳固承受上部荷重，可靠地抵御地震冲击。

图 1.12　土壂墙下部

图 1.13　土壂墙顶部

1.2　应县木塔的损伤状况

1.2.1　木塔损伤状况及原因

应县木塔建成至今已有 900 多年，经历了长期的风雨侵蚀、强外力作用以及自身材质老化，塔体损伤严重。

木塔的损伤主要表现在塔身的变形和构件的损坏两个方面。在木塔的外观上，已能看出塔身总体向东北方向倾斜，以及第二层西南面有明显歪扭的现象；在木塔的内部，可观察到构件侧移、下挠、开裂、局部压碎等损伤现象，且第二层的构件损坏最为严重。

根据已有的资料分析，木塔的损伤是由多种因素综合产生的，其中主要原因是强外力的作用、结构刚度的分布不均匀以及木材的老化和横纹压缩。

1. 木塔遭受的强外力作用

木塔遭受的强外力作用主要为地震、大风和炮击。

木塔位于大同盆地地震带上，自建造至今经历过 40 多次有明显影响的地震；其中，遭受到烈度 7 度及以上的地震影响 2 次，6 度地震影响 6 次，5 度地震影响 9 次以上，4 度地震影响 20 余次。分析表明，烈度 6 度及以上的地震作用易使木塔产生结构变形和局部损伤。

木塔处在黄土高原地区，经常遭遇大风的作用，当地基本风压为 $0.36kN/mm^2$，最大风速达 17m/s（约 8 级风力）。木塔自建造以来，一直是应县的最高建筑物，且周围房屋较为低矮，使得风荷载成为木塔长期承受的、出现频率最高的动力荷载。木塔风振测试研究表明，最大风速下的振动相当于木塔的第二振型共振，对第二、三层的影响最大。此外，长期的风力作用易使木塔的构件疲劳损伤，并产生损伤积累，导致塔体的倾斜逐步发展。

木塔作为县城的制高点，在战争中两次遭受炮击。其中，1926 年军阀混战时中炮弹 200 余发，1948 年解放应县时中炮弹 10 多发。炮弹的冲击破坏对木塔是局部的，但对构件的损坏却是致命的。如第一层西北角转角铺作华栱毁坏，导致檐角下垂；第二层西南角普拍枋及柱头枋三重断裂，并毁坏补间铺作的泥道栱。

2. 结构刚度的分布不均匀

木塔的楼层中仅有竖向柱圈，其抗侧移刚度较小；而平坐的柱圈中布置了环向和径向支撑，其抗侧移刚度较大；上下各相邻层的刚度比差别明显，使得结构的竖向刚度分布不均匀。在地震作用下，木塔楼层与平坐交界处因刚度突变引起应力集中和变形集中，这是导致结构侧向变形和残损加重的主要原因。

木塔在平面上为对称结构，但由于尺寸和质量较大的楼梯在各层位置不同（图

1.4、图 1.5），各层的几何中心与刚度中心不一致，且按顺时针方向在旋转变化；此外，在平坐中设置楼梯和通道的部位，其内、外槽柱子之间不能布置斜撑，导致平坐的平面刚度局部不连续。木塔各层的几何中心与刚度中心不一致，在地震和强风的作用下，结构易产生扭转，而且各层发生的扭转变形方向不同，致使木塔整体扭曲变形。

3. 木材的老化和横纹压缩

在北方干燥多风的环境下，木材的老化主要表现为风化、干缩、开裂，且随着时间的延长而逐渐加剧。处于干燥环境下的千年木塔材质老化严重，大多数构件颜色灰暗、表层纤维酥松，有明显的干缩、开裂症状；构件之间的榫卯接头收缩，导致缝隙增大、连接松弛。

木材的力学性能在木纹各个方向上不同，其横纹抗压强度较弱，受压变形较大，且在长期荷载作用下塑性变形也大。木塔的构件主要采用华北落叶松制作，木材的横纹抗压性能相对较差；木塔中斗栱的栱以及梁枋的端部都是以横纹受压方式进行力的传递，受力部位的压缩变形较大。在近千年的荷载作用下，木材纤维压裂、弯折、切断严重，并导致柱架的不均匀沉降和倾斜加剧。

1.2.2 木塔变形损伤的特征

1. 结构的变形特征

木塔结构整体的变形特征是各层中心偏移，偏移的方向以北偏东和东偏北为主；各层沿木塔高度的中心偏移值，即本层柱头相对于柱底的偏移量，见图 1.14。

从测得的中心偏移值来看（表 1.1），第二层最大，为 126.79mm；其次是第五层，为 69.05mm；再次是第三层，为 56.09mm。

第二层倾斜最严重的木柱主要分布在西南侧，整体向东北方向倾斜，柱头至柱底之间发生方向相反的扭转，图 1.15 为二层柱圈的平面偏移图。

木塔楼层外槽柱圈、内槽柱圈的倾斜值分别见表 1.2、表 1.3，该表根据扬州大学 2012 年现场实测数据并参考太原理工大学硕士学位论文《应县木塔残损状态实录与分析》的数据编制，柱子编号见图 1.15。由表中数据可知，二层西南侧外槽 23 号柱倾斜值最大，内槽第 8 号柱倾斜值最大，两柱的倾斜率分别为 17.7%、13.20%。

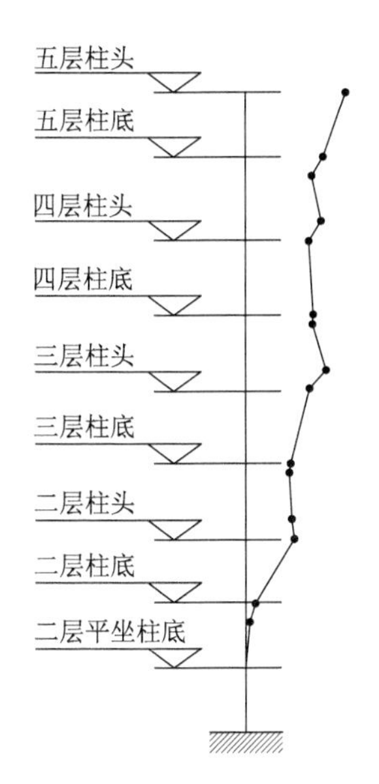

图 1.14 木塔各层的中心偏移图

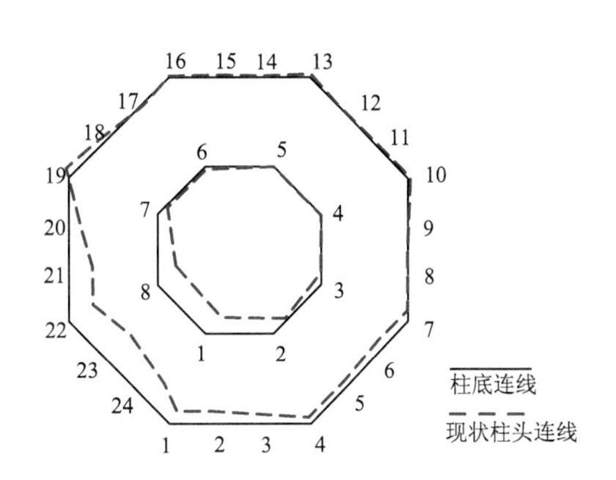

图 1.15 二层柱圈的平面偏移图

表 1.1 塔心水平偏移（以二层平坐柱底找出的中心为坐标原点）

位置	中心坐标/m		方位值/mm				偏移值	方位
	x	*y*	东	南	西	北	/mm	
五层柱头	0.080	0.307	80	—	—	307	317.25	东偏北 75.39°
五层柱底	0.111	0.222	111	—	—	222	248.20	东偏北 63.43°
五层平坐柱头	0.146	0.151	146	—	—	151	210.04	东偏北 45.96°
五层平坐柱底	0.204	0.131	204	—	—	131	242.44	东偏北 32.71°
四层柱头	0.137	0.150	137	—	—	150	203.15	东偏北 47.59°
四层柱底	0.174	0.128	174	—	—	128	216.01	东偏北 46.24°
四层平坐柱头	0.193	0.090	193	—	—	90	212.95	东偏北 25.00°
四层平坐柱底	0.245	0.071	245	—	—	71	255.08	东偏北 16.16°
三层柱头	0.186	0.077	186	—	—	77	201.30	东偏北 22.49°
三层柱底	0.086	0.117	86	—	—	117	145.21	东偏北 53.63°
三层平坐柱头	0.083	0.111	83	—	—	111	138.60	东偏北 53.21°
三层平坐柱底	0.083	0.118	83	—	—	118	144.27	东偏北 54.88°
二层柱头	0.075	0.134	75	—	—	134	153.36	东偏北 60.76°
二层柱底	−0.025	0.009	—	—	25	9	26.57	西偏北 19.80°
二层平坐柱头	0.008	0.005	8	—	—	5	9.43	东偏北 32.01°
二层平坐柱底	0	0	0	—	—	0	0	—

表 1.2　应县木塔楼层外槽柱圈倾斜值　（单位：mm）

编号	二层			三层			四层			五层		
	北	东	斜率	北	东	斜率	北	东	斜率	北	东	斜率
1	225	155	9.70%	–5	85	3.00%	85	35	3.20%	170	–30	63%
2	195	155	8.70%	35	110	4.10%	75	–65	3.50%	170	–65	6.60%
3	150	85	6.00%	35	40	1.90%	75	–55	3.20%	180	–25	6.60%
4	140	75	5.60%	20	35	1.40%	75	–75	3.70%	190	–60	7.20%
5	140	35	5.00%	45	–15	1.70%	110	–50	4.20%	210	–30	7.70%
6	165	–30	5.90%	45	–20	1.70%	40	–125	4.60%	150	–90	6.30%
7	110	–20	4.00%	–25	–95	3.40%	55	–105	4.10%	120	–135	6.60%
8	140	–5	4.70%	–80	–105	4.70%	90	–110	4.90%	125	–125	6.30%
9	50	20	1.90%	–100	–100	5.00%	40	–125	4.50%	65	–110	4.60%
10	40	35	1.90%	–105	–65	4.40%	10	–125	4.40%	40	–105	4.10%
11	75	15	2.70%	–110	–60	4.40%	55	–170	6.20%	50	–10	1.90%
12	–5	20	0.70%	–10	75	2.70%	0	–70	2.40%	50	–40	2.30%
13	55	20	2.00%	–40	95	3.60%	–20	–35	1.40%	30	–10	1.10%
14	10	35	1.30%	–70	95	4.20%	0	0	0	30	35	1.70%
15	45	60	2.60%	–80	140	5.80%	0	10	0.30%	30	45	2.00%
16	10	25	0.90%	0	115	4.10%	20	60	2.20%	30	30	1.60%
17	–25	40	1.70%	–95	225	8.70%	10	10	0.50%	–25	0	0.90%
18	130	45	4.80%	–150	330	12.8%	25	25	1.20%	35	80	3.20%
19	125	–10	4.40%	–80	390	14.1	30	25	1.40%	30	50	2.10%
20	165	120	7.20%	–65	455	16.5%	100	40	3.80%	60	50	2.80%
21	200	335	14.20%	20	295	16.2%	140	60	5.30%	80	40	3.30%
22	270	390	16.70%	0	270	9.60%	75	75	3.70%	130	30	4.80%
23	350	365	17.70%	–5	180	6.30%	90	60	3.80%	160	–20	5.80%
24	275	285	13.90%	–30	105	3.90%	150	0	5.20%	150	–20	5.50%

表 1.3　应县木塔楼层内槽柱圈倾斜值　（单位：mm）

编号	二层			三层			四层			五层		
	北	东	斜率	北	东	斜率	北	东	斜率	北	东	斜率
1	245	225	10.60%	–10	25	0.90%	35	35	1.80%	155	–20	5.50%
2	240	140	8.80%	–105	15	3.30%	120	–30	4.40%	190	–50	6.80%
3	195	–5	6.20%	–65	–45	2.50%	90	–135	5.80%	170	–100	6.80%
4	30	–60	2.10%	–120	45	4.10%	20	–40	1.60%	0	–100	3.00%

续表

编号	二层			三层			四层			五层		
	北	东	斜率	北	东	斜率	北	东	斜率	北	东	斜率
5	–10	15	0.60%	–15	125	4.10%	10	–110	4.00%	0	–80	3.00%
6	–90	15	3.10%	–15	125	4.00%	10	–55	2.00%	60	–45	2.60%
7	90	145	5.50%	–40	215	6.90%	–60	30	2.40%	50	0	1.70%
8	215	360	13.20%	–50	100	3.60%	95	35	3.60%	190	0	6.60%

中国文化遗产研究院自 2008 年以来，对应县木塔进行了十多年的持续监测，通过与历史测量数据对比，证实二层楼层自西南向东北的整体倾斜还在持续渐进发展，其中倾斜程度最为严重的西南侧外槽 23 号柱，以每年 2～3mm 的速率向东北方向持续倾斜。

应县木塔二层西南侧的变形外观和内部照片分别见图 1.16 和图 1.17。

图 1.16　木塔二层西南侧变形外观

2. 构件的损伤特征

木塔构件的损伤程度由上到下逐层加剧。其中，第二层构件的损伤程度最为严重。

图 1.17　木塔二层西南侧柱架倾斜内观

柱子的损伤特征主要是倾斜和开裂，倾斜造成竖向压力的偏心距增大，开裂导致构件承载力降低，柱头、柱底压裂以及榫头折断现象较多。第二层中一些柱子严重损坏，已接近极限状态。如外槽西南面南平柱（24 号柱），主柱的柱头倾斜向北 275mm、向东 285mm，柱脚外侧已脱离地板，内侧辅柱的柱身竖向劈裂（图 1.18）；内槽东北角柱（4 号柱），柱头倾斜向北 30mm、向西 60mm，柱身通体劈裂成 4 块，裂缝深 170 mm，宽 50mm（图 1.19）。

图 1.18　外槽柱倾斜劈裂

图 1.19　内槽柱倾斜通裂

梁枋的损伤特征主要是纵向开裂，一些遭受过强外力冲击的构件因木纹断裂、截面收缩而明显挠曲（图 1.20、图 1.21）。较多的普拍枋因横纹受压、材料老化，端头被压碎或撕裂（图 1.22），特别是在三个方向汇交的转角斗栱处，普拍枋的截面仅为原来高度的 1/3，承受压弯的能力大大降低，成为最薄弱的部位。

斗栱的损伤特征主要为整体扭转和构件开裂。由于楼层之上的平坐的整体刚度大，当楼层柱圈倾斜、扭转时，柱顶和斗栱易绕着平坐移动或转动；斗栱变位最大处发生在栌斗和第一跳华栱之间，且导致构件扭曲、开裂（图 1.22、图 1.23）。

图 1.20　栱枋开裂挠曲

图 1.21　额枋开裂挠曲

图 1.22　栱枋压裂、普拍枋端头撕裂

图 1.23　斗栱扭曲、开裂

第 2 章

应县木塔历代修缮工程资料研究

应县木塔自辽代清宁二年（1056 年）建造以来，长期遭受环境侵蚀和地震作用，结构和材料不断老化、损伤；在近千年的时间里，历代政府和工匠对木塔进行了多次修缮加固，使之能益寿延年至今。根据古建筑专家陈明达的考察、论证以及孟繁兴的认定、补充，木塔经历规模较大且有资料记录的修缮工程共 7 次，修缮时间和主要修缮任务如表 2.1 所示。

表 2.1　应县木塔历代主要修缮工程

编号	年代	修缮时间	修缮间隔	主要修缮任务
1	金代明昌年间	公元 1191～1195 年	距木塔建造 135 年	结构加固
2	元代延祐、至治年间	公元 1320～1322 年	距上次修缮 125 年	结构加固
3	明代正德年间	公元 1508 年	距上次修缮 186 年	结构加固
4	清代康熙年间	公元 1722 年	距上次修缮 214 年	装饰修缮
5	清代同治年间	公元 1866 年	距上次修缮 144 年	装饰修缮
6	民国期间	公元 1928～1935 年	距上次修缮 62 年	局部加固
7	中华人民共和国成立以来	公元 1974～1981 年	距上次修缮 39 年	结构加固

表 2.1 所示修缮工程中，除了清代的 2 次装饰修缮，其余 5 次均涉及结构体系的加固和改变，特别是 1974～1981 年的修缮工程，是一次较为全面的整体修缮工程，该工程取得的经验和教训，为木塔现今维护和修缮方案的研制提供了有益的借鉴。

本章参考陈明达专著《应县木塔》、孟繁兴和陈国莹专著《古建筑保护与研究》

以及侯卫东、王林安、永昕群编著《应县木塔保护研究》，综述木塔修缮加固工程的主要技术措施和成效，并辅以图纸、照片说明。

2.1 应县木塔历代主要修缮工程

2.1.1 金代明昌年间的修缮工程

1. 修缮原因

此次修缮工程自明昌二年（1191 年）开始，距木塔建造 135 年，于明昌六年（1195 年）完工，工期四年。

木塔修缮前，已出现柱头劈裂、普拍枋端头压碎等普遍损坏状况。据判断，构件的损坏，除了气候影响和局部受力等原因，还很可能是木塔在初建后的百余年间，遭受了一次严重破坏的结果。

根据《中国地震目录》，公元 1102 年，即木塔建造 46 年后，山西太原发生 6.5 级地震，木塔的严重破坏可能与这次地震有关，这也是木塔必须加固修缮的原因。

2. 技术措施

金代匠师在修缮工程中采取了三项主要措施。

（1）在明层（二、三、四、五层）圆形截面主柱的内侧增加辅柱（图 2.1），以提高承载能力。第二、三、四层的辅柱支顶于主柱内侧柱头铺作第一跳的华栱头下，柱脚放在楼板上，每层 32 根；第五层主柱承受的荷重较小，仅在内圈主柱的内侧设置辅柱，共 8 根；木塔增加辅柱，总计 104 根。

（2）在暗层（平坐）增加辅柱，加强对明层的支顶。辅柱设置在内圈主柱的两侧和内侧，以及外圈转角柱的内侧。

（3）在暗层（平坐）内、外槽之间增加斜撑（图 2.2、图 2.3），增强结构的整体稳定性。斜撑上部支顶在柱头铺作出跳处，下部固定在地栿上，它们对于稳定内、外槽的 8 个平面起到重要作用。

金代后加构件的施工特点是，增加的辅柱为方柱、抹角，柱头均施凹槽，嵌于被支顶物之下；斜撑两端均削足，平嵌于柱子和地栿上。

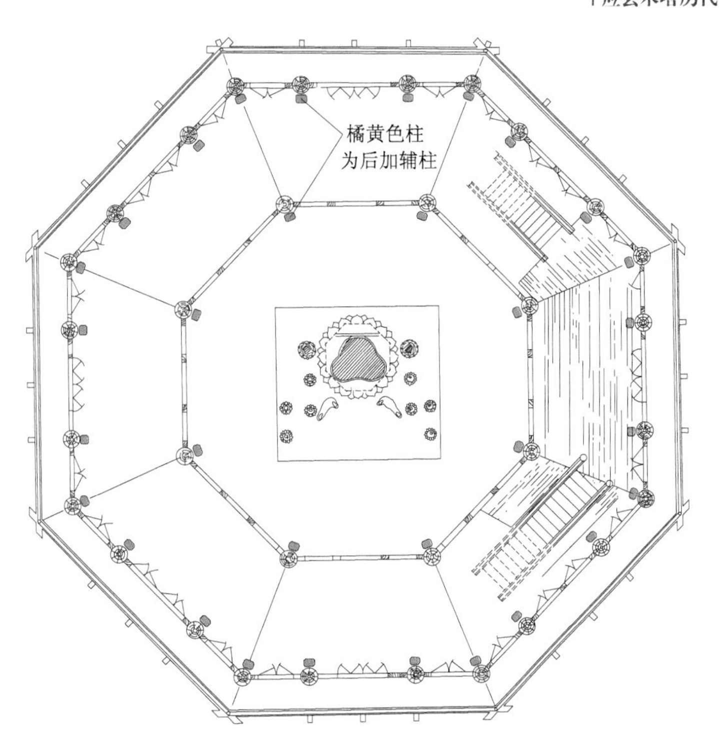

图 2.1　明层增加辅柱示意图

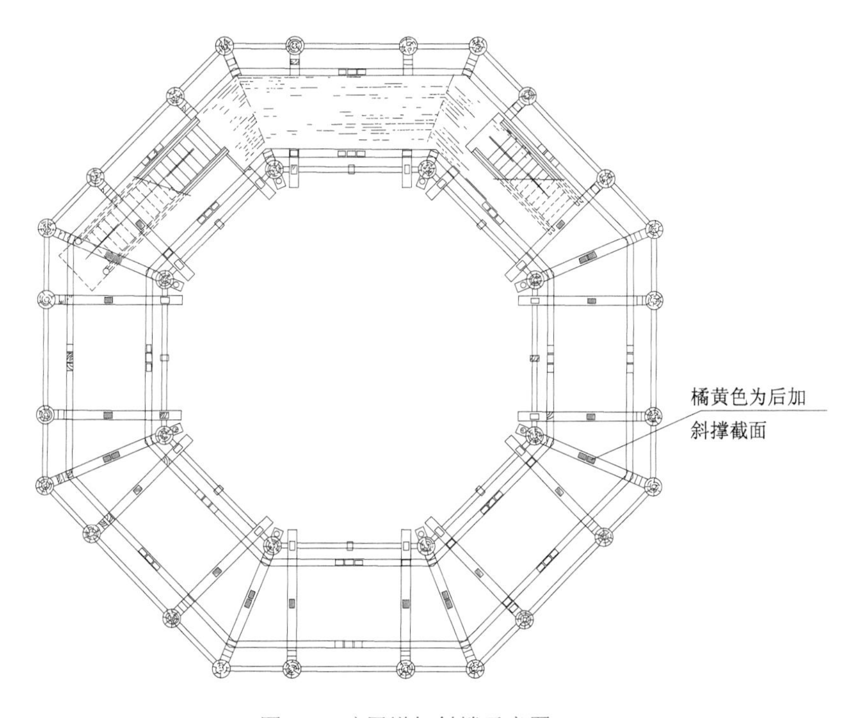

图 2.2　暗层增加斜撑示意图

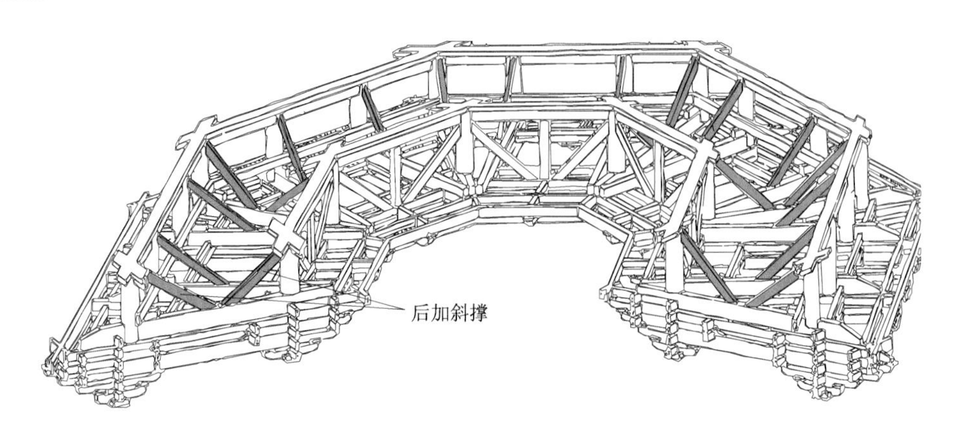

图 2.3　暗层增加斜撑后的结构体系

3. 工程效果

金代明昌年间的修缮工程，显著地提高了结构的承载能力和抗变形能力，且加固方法较为完善，基本上保持了塔的原状。工程效果体现在，木塔成功地经受住了元大德九年（1305 年）6.5 级地震的考验。

2.1.2　元代延祐、至治年间的修缮工程

1. 修缮原因

此次修缮工程自延祐七年（1320 年）开始，到至治二年（1322 年）结束，工期三年。

根据《中国地震目录》记载，元大德九年（1305 年），山西怀仁、应县之间发生 6.5 级地震。修缮工程是在大震 15 年以后着手开始的，是对木塔进行震后维修加固；还应注意到，此次工程距金代明昌年间的修缮已有 125 年，长期环境侵蚀对木构件也造成损伤，需要进行修缮加固。

尽管木塔在大震作用下整体保持稳定，但塔身扭转变形，带动相关柱子歪闪，需要加固。此外，明层的直棂窗残损严重，平坐栏杆、各层楼板以及易残部分均需维修。

2. 技术措施

元代匠师采取的主要加固措施是：拆除四个明层中残损的装板直棂窗，改建

为斜撑夹泥墙（工程示意图见图 2.4）。工程的具体做法为：

（1）外槽四个斜面，每面加间柱 1 根，间柱与立颊之间设置斜撑；斜撑内、外两面钉上荆笆，再用灰泥抹平，形成斜撑夹泥墙。四个正面的次间也做成斜撑夹泥墙。四个明层的外槽加间柱共 16 根。

（2）第二、三、四层内槽，每面加间柱 2 根，分为三间；第五层除南面加间柱 2 根外，其余七面只加间柱 1 根，分为两间。四个明层的内槽加间柱共 57 根。

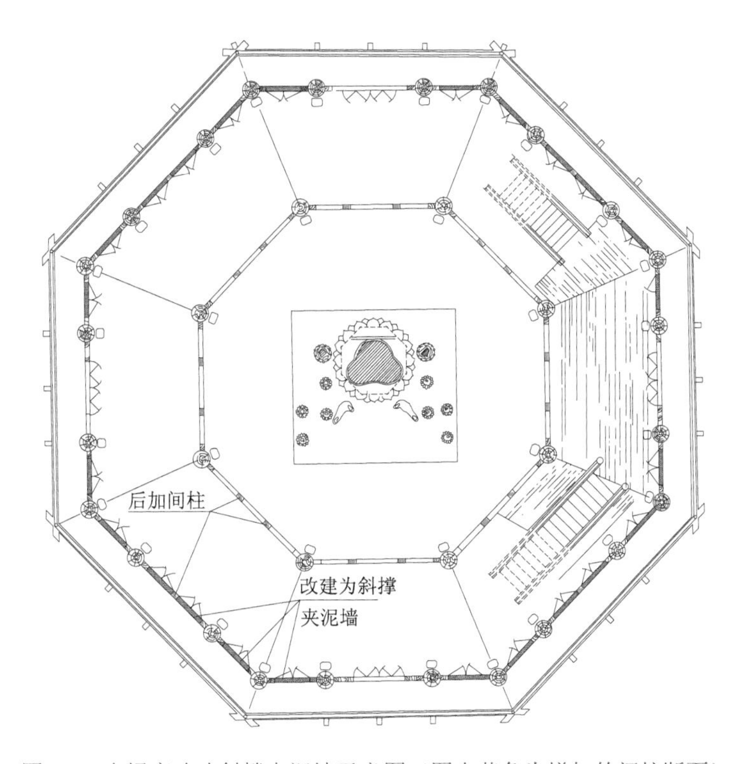

图 2.4　直棂窗改建斜撑夹泥墙示意图（图中黄色为增加的间柱断面）

此外，对瓦顶、平坐栏杆、六层楼板等易损部位进行了修缮。

元代施工的特点是，所有间柱均无榫卯，平头推入。

3. 工程效果

元代修缮工程中将直棂窗改成斜撑夹泥墙，是改善明层抗变形能力薄弱的有效措施，可增强木塔的整体抗震性能。明代万历年间田蕙编《应州志·营建志》记有：“顺帝时地大震七日，塔屹然不动”，它证明此次木塔的加固工程是成功的。

但是，木塔明层的直棂窗改为夹泥墙以后，为了采光摘去了各层四个正面的门，以致后来“塔门撑空”，不利于塔内木构件的保护，且对塔的外观有一定影响。

2.1.3 明代正德年间的修缮工程

1. 修缮原因

此次修缮加固工程动工于明正德三年（1508 年），距上次维修已有 186 年。在此期间，应县周边发生较强地震有：1337 年河北怀来 6.5 级地震、1367 年山西朔县 5.5 级地震、1484 年北京居庸关一带 6.75 级地震，地震的累积效应造成木塔损伤，并突出反映在底层：

（1）柱头与普拍枋交接处碎裂，已不堪重负；

（2）阑额下弯、开裂，特别是外槽四门及内槽南、北二门的相关部位。

因此，工程的重点是木塔底层的加固。

2. 技术措施

此次工程除了一般的修缮维护，结构方面的加固主要在底层进行，采取的措施如下：

（1）内槽角柱的内外侧、外槽各柱的内侧增加辅柱；辅柱均支顶于第一跳华栱头下；内、外槽共加辅柱 40 根。

（2）外槽东、西二门阑额下加顶柱各 3 根，并封堵东、西二门。

（3）南门向外移至附阶。

（4）配合增加辅柱和封堵东、西二门项目，重新拆砌土墼墙的相关部分。

木塔底层加固的示意图见图 2.5。

本次施工的特点是：

（1）底层内、外槽间施工现场较窄小，故采用了以短柱接长辅柱的措施；短柱上端作凹槽，下端作凸榫；凹槽与华栱头顶紧，凸榫与辅柱卯合。

（2）土墼墙的拆砌是根据增加辅柱和顶柱的需要，在相应部位进行了施工，既发挥了原有墙体的支撑作用，也减少了拆砌工程量。

3. 工程效果

明代正德年间的加固工程，针对木塔底层的薄弱部位，通过增设辅柱和顶柱，增强了普拍枋、阑额的受力性能；通过封堵东、西二门，增加了墙体的整体性。工程的实施有效地提升了底层的承载能力和稳定性，使得木塔在此后的四百多年间能安然屹立，基本上没有再对底层进行过修缮和加固。

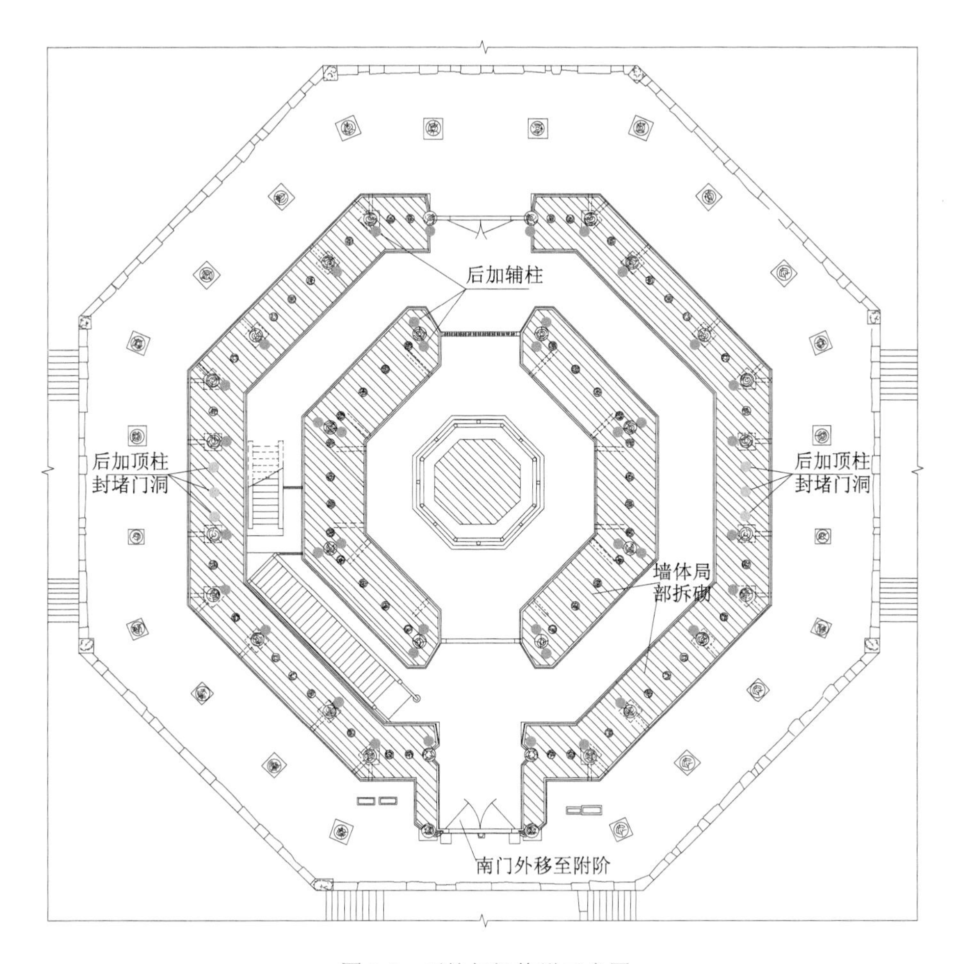

图 2.5　正德年间修缮示意图

2.1.4　民国期间的修缮工程

1. 修缮原因

1926 年木塔遭炮击破坏后，由佛宫寺住持大行禅师和应县绅商募集资金，于 1928～1929 年对木塔进行了抢救性修缮，局部更换、镶补了炮击损坏的木构件，以及塔顶和屋面被炮击破坏的部分。但因经费较少、时间较短，未对木塔的结构进行加固。

由于木塔构件多年失修、开裂破损严重，大行禅师于1933～1935年再次募集资金，对木塔进行了较为全面的修补。

2. 技术措施

在1933～1935年的修缮工程中，主要的技术措施为两大项：

（1）加固损伤严重的柱子，修补炮击损坏的梁柱。对第二层严重开裂的柱子加铁箍，更换第三层西北侧破损的平柱，以及对炮击损坏的内部柱子、梁枋进行镶补。

（2）将明层外槽原有的斜撑夹泥墙全部拆除，改装成通风采光较好的木板格子门。为安装格子门，在各层外檐阑额下设置立颊，作为格子门的边框。

图2.6为应县木塔此次修缮之前的照片。从木塔外观上看（图2.6（a）），二层以上除了正面明间，其余外槽柱之间均为夹泥墙。图2.6（b）为木塔楼层内部的照片，可以看出夹泥墙较为厚实平整，其内壁上绘有图样丰富的彩画。

（a）木塔外观

（b）楼层内部

图 2.6　木塔修缮之前的照片

图 2.7 为应县木塔外槽改装格子门后的照片。格子门使木塔外观轻巧玲珑、木质感增强（图 2.7（a）），并明显改善了塔内采光状况（图 2.7（b））。

（a）木塔外观

（b）楼层内部

图 2.7　木塔外槽改装格子门后的照片

3. 工程效果

民国期间的两次修缮工程，对木塔损坏严重的木构件，特别是受战争炮击的构件进行了修缮和加固，防止这些构件在不利的状况下丧失承载能力，对结构的整体安全而言非常必要，也很及时。

在第二次修缮工程中，将斜撑夹泥墙改装成格子门，其目的是使木塔显得轻巧玲珑，且可改善塔内通风采光性能。但拆除了外槽柱间的木斜撑和夹泥墙，较大程度地削弱了明层柱圈的环向刚度，降低了楼层在强风和地震作用下的抗变形能力。

2.2　应县木塔 1974～1981 年修缮工程

应县木塔 1974～1981 年修缮工程，是中华人民共和国成立后针对木塔残损状况进行的抢险加固工程，也是自木塔建成以来规模最大、项目最全的一次整体修缮工程。本次工程在国家文物局的领导下，汇集了国内著名专家的意见，明确了木塔的残损状况，制定了合理的修缮方法；木塔管理部门和施工单位注重调查研究、精心施工，整个工程基本达到了预定的目标，并为之后木塔进一步的修缮加固提供了有益的经验和教训。

2.2.1 应县木塔勘查座谈纪要

工程实施之前，国家文物局于 1973 年 9 月邀请了杨廷宝、陈明达、莫宗江、刘致平、卢绳、于倬云、祁英涛、罗哲文、陶逸钟和方奎光等建筑和结构方面的专家，对木塔进行了现场勘查，召开了座谈会。与会专家在充分讨论的基础上，根据杨廷宝教授的意见，编写了《应县木塔勘查座谈纪要》（以下简称《纪要》），评价了木塔残损状况，给出了木塔的修缮原则和措施。

1. 木塔残损状况

《纪要》评价了木塔的残损状况，可归纳为五个方面：

（1）塔身扭闪，平面正八角已经变形，各构件尤其是木柱和斗栱所承负的荷重已失去平衡；阑额、普拍枋、斗栱、柱头等构件中，因不胜负荷已经压碎或劈裂，个别还较为严重。

（2）塔上各层楼板、楼梯、栏杆残损严重，第二、三层西北角梁和斗栱拔榫脱裂约 20cm。

（3）所有木构件久经风霜，风化较甚。

（4）塔基片石有些酥碱，塔刹向东北倾斜，拉刹铁链仅存四条（原为八条）。

（5）塔上塑像残状尚未消除。

《纪要》认为，这些状况均应考虑修缮、加固和防腐。

2. 木塔修缮原则

《纪要》根据我国当时的经济状况和技术条件，确定了木塔的修缮原则为：“对木塔修缮的基本方法应采取不落架支撑加固的办法，保持原貌原构和它的完整性。”

3. 木塔修缮措施

《纪要》以“不落架支撑加固”为重点，提出了木塔的修缮加固措施，具体如下：

（1）木塔的修缮保护，工程巨大，根据倾斜的原因，应以支撑加固为主。

（2）木塔是高层建筑，依地支撑技术上有困难，而且也不能解决平面八角的变形和荷重的平衡分布。为慎重起见，经研究制作一个缩小的模型（需用几层做几层），实有负荷堆压其上，按状做好倾斜度数，然后试验拨正，同时用千分仪作精细测量。

（3）（模型）如果可以拨正，或基本上可以拨正（拨正一部分也算），将其方法、数据记录下来，在实物上边试验边施工，拨正后或拨到一定程度时（即不能再拨）用木材支撑。即在两槽柱子之内和左右，附加两根或三根木柱，下端通至平坐木柱柱脚。两槽柱子之间，上端用木材拉固，或斜撑；下端或于楼板之下用铁件相系，暗层内增设必要的木杆或斜材。

（4）原有各层外槽柱间的斜撑和灰泥墙，应予恢复。各层东西向的两根附梁，与主柱和外端枋材做必要联固。

（5）塔刹实地设法拨正，拉链复原。

《应县木塔勘查座谈纪要》根据木塔残损状况和当时经济技术条件确定的修缮原则，为此次修缮工程指明了方向，对后来木塔修缮方案的研制也具有重要的指导意义。

2.2.2 修缮工程的科学研究

为了科学合理地确定施工方案并提高修缮质量，这次工程在地基勘探、塔重测算、木材试验、变形测量等方面开展了科学研究，并取得了较好的成果。

1. 地基勘探

邀请著名文物钻探技师对佛宫寺址地基和木塔周边进行钻探，确定了木塔地下基础的最大范围不超过现存的下层台基。

邀请地质部门对台基周边地基进行地质勘探，确定了地基土层的组成、分布状况和力学性能。

2. 塔重测算

1）木构件重量

采用逐层测量、逐层计算的方法，测算了木塔中各种木构件的实际尺寸，确定了使用的木材总量，得到木构件总体积 3070.2m^3；其中，底层 1126.0m^3，二层

531.8m^3，三层 543.3m^3，四层 439.3m^3，五层 429.8m^3。

木材按 0.6t/m^3 计算重量，算得木塔木构件总重约 1842.2t；各层木构件重量分别为：底层 675.6t，二层 319.1t，三层 326.0t，四层 263.6t，五层 257.9t。

2）瓦顶重量

瓦顶重量按面积计算，每平方米取 0.5t，算得瓦顶总重 1333.3t；各层瓦顶的重量分别为：底层和副阶 539.9t，二层 192.6t，三层 164.6t，四层 152.8t，五层 283.4t。

3）塔刹、佛像、墙体重量

塔刹的刹座为砖砌体，相轮、覆盆、刹杆等为金属构件，测算塔刹总重为 29t。

各层佛像为泥塑，按体积估算重量，算得总重为 40.5t，其中，底层佛像重量为 15t。

底层内、外槽土墼墙按每立方米 1.7t 计算重量，扣除所包木构件后的墙体体积为 2461.7m^3，总重为 4184.9t。

4）木塔总重量

包括木构件、瓦顶、塔刹、佛像和墙体的全塔总重量约为 7430t。

3. 木材试验

将二层平坐内槽替换下的一根被炮弹劈裂的立柱制作成试件，进行物理力学性能试验。该立柱高 2.7m，矩形截面为 33cm×23cm，树种和木塔中的大多数木材相同，为华北落叶松，经 C_{14} 测定为 900 多年的旧木料。

按照木材试验标准制作各种试件共 95 块，进行了含水率、容重、硬度等材料性能测定，以及顺纹抗压、横纹抗压、局部承压、顺纹剪切等 20 余项力学性能试验。

为了评价木塔材料老化的程度，将试验数据与现代落叶松的力学指标做了对比，结果表明，木塔的木材受到自然环境的长期侵蚀，其顺纹抗压强度下降了 19%、横纹径向抗压强度下降了 55%、抗弯强度下降了 15%，但顺纹剪切强度增加了 5%，端面硬度增加了 15%。

4. 变形测量

在木塔的周围建立 5 个能彼此通视、形成观测基准网的永久性观测墩，对木塔的变形进行重复测量和定期测量，以掌握木塔的偏移特性、偏移程度和变化趋势。

经测量，木塔中心线倾角 $\beta = 0°40'$，木塔整体倾斜度 0.012%；木塔整体向北偏东方向倾斜，第二层、第三层向东北方向水平扭转。

此外，结合木塔自振周期和振型的测试，还测得风速为 8.5～9.5m/s 时，塔刹的最大水平振幅为 185μm。

2.2.3 修缮工程的技术措施

整个工程实施的修缮加固项目可分为八项，采用的技术措施如下。

1. 台基的整修加固

为了防止台帮歪闪坍塌，在台基每面的下层增加两条长 2m、宽 70cm 的毛石构造坝，采用毛石重新砌筑台帮；下层台面用片石和卵石铺墁，上层台面用方砖铺墁，用条石压沿，保证了木塔台基的牢固可靠。

台基修缮总计砌筑毛石 145.5m^3、条石 210.4m^3，砌筑压沿石长 355.9m。图 2.8 为整修加固后的台基。

图 2.8　台基的整修加固

2. 楼层结构加固

以二层内槽设置三角斜撑为重点，对二层楼盖（地棚）进行整体性加固，主要措施如下：

（1）在二层西面内槽内侧加设两根木制三角斜撑，增强楼层的抗侧移能力。

（2）在二层楼盖的南北向主梁间加设木制次梁，构成水平剪刀撑，增强楼盖的整体刚度。

（3）在二层楼盖下东西向两列柱子间设拉结钢筋，增强柱架的整体性能。

楼层结构加固的布置和实施状况见图 2.9。

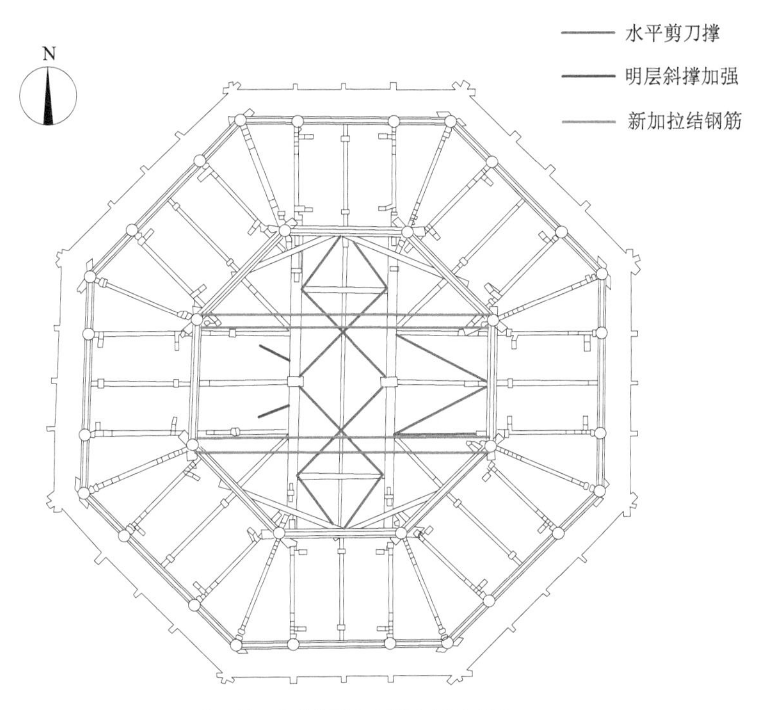

（a）剪刀撑、拉结钢筋与斜撑布置示意图

（b）水平剪刀撑、拉结钢筋加固

（c）三角斜撑加固

图 2.9　楼层加固构件布置与照片

3. 梁、柱的补强加固

（1）对有空洞的木梁采用灌注环氧树脂补强。

（2）对有节疤、裂痕的构件采用环氧玻璃钢箍补强（图 2.10）。

（3）对脱榫的角梁进行翻修归安。

（4）对劈裂的柱子采用钢箍进行加固（图 2.11）。

图 2.10　环氧玻璃钢箍加固

图 2.11　钢箍加固

4. 斗栱的补修

对斗栱能补则补、该换则换，基本达到用干木料按原尺寸、原式样补换（图 2.12）。整修斗栱 95 朵，新配栱子 13 根，新补斗子 274 个，更换、整修木枋 155 根。

图 2.12　整修后的斗栱

5. 平坐栏杆重新制作

将严重损坏的栏杆全部拆除，按原尺寸、原式样，选用长材整料重新制作（图 2.13）。地栿、扶手栏杆均用 10m 以上的整材制作，并将地栿与素枋用直径 16mm、长度 400mm 的螺栓加固。

6. 其他木构件、木装修的修补更换

对楼板、楼梯、门窗、隔扇、平綦、藻井等修补、加固与更换。

（1）更换楼板 66%左右，楼板厚度均大于 6cm。

（2）加固了楼梯的地栿、望柱和扶手，安装了踏板和踢板。

（3）全面整修损坏的门窗，修补隔扇 145 扇，新制隔扇 13 扇。

（4）对第一层、第五层的平綦、藻井进行整修，新制井口枋 38 根，补配槽板 63 块。

图 2.13　整修后的平坐栏杆

7. 翻修瓦顶、整修塔刹

对瓦顶进行了全面翻修，补配瓦件 2000 多个，整修博脊 40 条、垂脊 48 条。新配 8 根直径为 10mm 的钢制塔刹拉链，加固、稳定了塔刹（图 2.14）。

图 2.14　整修后的塔顶

8. 整修佛坛、修复塑像

整修了各层佛坛，修复和补塑了塔内 24 尊佛像和力士、坐兽塑像。

图 2.15 为木塔修缮工程竣工后拍摄的全景照片。

图 2.15 修缮后的应县木塔

2.2.4 修缮工程的成效分析

1. 工程取得的经验

应县木塔1974～1981年的抢险加固工程，是在国家文物局的领导下，由山西省、雁北地区组织实施的国家重点文物大型修缮工程。工程的指导思想明确、修缮项目全面、技术措施合理、工艺效果明显，并取得了如下成功的经验。

（1）国家文物局在工程实施之前组织著名专家进行实地勘查、会诊、座谈，所编制的《应县木塔勘查座谈纪要》准确评价了木塔残损状况，提出了木塔的修缮原则和有效方法。

（2）木塔管理部门结合修缮工程开展了科学试验，在地基基础、塔体自重、材料性能、结构变形等方面取得了准确的数据，为合理地制定施工方案提供了可靠依据。

（3）施工单位将传统修缮工艺与现代施工技术有效结合，通过对损坏木构件的修补、加固和更换，提高了木塔结构的承载能力；通过在关键楼层设置水平剪刀撑、拉结钢筋和三角斜撑，增强了木塔结构的局部抗变形能力；通过对台基、瓦顶、塔刹的修缮加固，提高了木塔的稳定性和防雨防腐能力。

在木塔修缮施工期间及修缮后不久，木塔经历了唐山地震（1976年7.8级）、丰镇地震（1981年5.8级）的影响。地震前后的观测对比表明，木塔在唐山地震中变形较大，各层之间发生顺时针扭转，第二层侧移值增加13.9mm，但总体结构依然稳定，证明此次抢险加固工程取得了较好的效果。

2. 工程存在的不足

受当时科学技术条件的限制，也因对木塔变形与结构刚度关系的认知不够全面，本次修缮工程尚存在一些问题未能得到很好的处理。

（1）工程没有按照《应县木塔勘查座谈纪要》的建议进行“支撑加固”和“结构拨正”的模型试验，也未对倾斜构件进行拨正或采取有效的支撑加固措施。因此，构件继续倾斜的隐患依然存在，木塔楼层变形的缺陷并未消除。

（2）工程没有按照《应县木塔勘查座谈纪要》的建议恢复原有外槽柱间的斜撑灰泥墙，柱圈的环向刚度依旧薄弱；对于柱圈的径向刚度，主要根据实践经验，在二层楼层的内槽沿东西方向设置了两根三角斜撑，作为局部加固处理。

因此，柱圈的抗侧移刚度未得到明显改善，楼层抵抗侧向变形的能力没有明显增强。

在修缮工程完成之后的长期变形观测中发现，木塔的结构变形仍在持续发展，第二层的侧倾值还在不断增加。这种现象表明，需要对木塔采取更为有效的修缮加固措施，以重点解决木塔变形的不安全因素。

第 3 章

应县木塔修缮方案征集与现状抢险加固方案

3.1 应县木塔修缮方案的征集与评议

3.1.1 木塔修缮方案的社会征集

1. 木塔修缮工程的启动

应县木塔自 1974～1981 年抢险加固工程之后，结构变形仍在持续发展；1989 年 10 月，在距离木塔 80km 的大同阳高地区发生 6.1 级地震后，木塔变形加剧，呈现险状，亟须修缮加固。

为了保护木塔的安全，根据修缮工程管理的需要，国家文物局于 1991 年批准成立“山西省应县木塔维修工程领导组”，负责修缮工程的组织和准备工作，由此正式启动了新一轮木塔修缮工程。

木塔维修工程领导组建立之后，组织山西省古建筑保护研究所和相关建筑院校开展了木塔现状勘查和变形监测工作，为木塔修缮方案的制定提供准确的基本资料。木塔维修工程领导组还多次聘请院士及专家学者，对应县木塔进行现场考察，指导修缮方案编制，提出了包括“落架大修”“抬升上部修缮”“现状加固保护”等木塔修缮的初步方案。

随着木塔修缮准备工作的深入开展，国家文物局和山西省人民政府于 1998 年批准成立“应县木塔修缮保护工程管理委员会”，全面负责木塔修缮保护工程的组织和领导，直接管理修缮工作，决定并组织实施工程总体计划和重大项目。

2000 年，由国家文物局古建筑专家组组长罗哲文等专家组成的评审组，审查通过了应县木塔残损勘测成果及现状报告。这份报告认为，当前应县木塔已处于构架体系破坏、多种病害缠身、险情不断发展、潜伏塌陷可能的危险状态。报告建议尽快确定修缮方案，尽早实施抢修工程。

2. 木塔修缮方案的征集

鉴于应县木塔在世界古建筑中独一无二的地位，为了唤醒和提高全社会的文物保护意识，并在广泛地听取专家学者的意见后，国家文物局于 2001 年 6 月 19 日通过中央电视台《东方时空》节目，向全国征集应县木塔的修缮方案。《东方时空》节目唤起了国内外众多专家学者对应县木塔的关注，他们通过各种方式为木塔的修缮献计献策。在方案征集期间，国家管理部门和木塔管理机构收到了全国高校、科研设计单位以及海外科研机构近百份修缮建议方案。

应县木塔修缮保护工程管理委员会在专家初步研究方案和社会征集方案的基础上，整理归纳了应县木塔“落架大修”“抬升修缮”“现状加固”三类修缮方案，报国家文物局审核。三类方案的主要特点如下所述。

第一类方案：落架大修。将木塔全部构件拆落下架，整修后再重新安装。木塔现有的弊病基本上可以得到纠正，残损构件加固后大部分可以继续使用；但全部构件拆卸后再重新安装，现存的历史信息将大部分丢失，且落架后的构件放置和消防安全保障是十分艰巨的任务。

第二类方案：抬升修缮。针对木塔变形损伤主要发生在第二层的现状，采用钢架承托的方法将第三层及以上部分整体抬升，待第二层修缮后，再将上部塔层原位归安。这种方法可基本解决木塔倾斜的主要问题，减少了历史信息的损失，但上部塔层的抬升固定，以及后期的原位归安，是主要的技术难题。

第三类方案：现状加固。在不拆落塔层的情况下，利用钢材、木材加固残损构件，对倾斜构件进行打牮拨正，控制木塔倾斜状态的加剧。这种方法能较好地保留历史信息，但木塔倾斜的问题难以彻底解决，若遇较强的地震作用，木塔仍存在较大的倾斜加剧风险。

除上述三类方案外，还有一种内部钢架支承方案，其思路是在木塔的内部设置独立钢架，对损伤严重的塔层进行支托，以改善木塔的受力状态并提高整体稳定性。该方案采用了有别于传统木结构修缮的方法，且在消除木塔现存风险方面起到较好作用，也被报送国家文物局审核。

3. 木塔修缮方案的评审

2002 年 11 月，山西省人民政府和国家文物局在太原召开应县木塔修缮保护工程方案评审论证会，邀请中国科学院、中国工程院多位院士和来自全国的建筑结构、建筑史、文物保护等多学科的著名专家 40 多人参加了评审论证。评审论证会围绕应县木塔的修缮保护工程，对前期研究成果进行了综合评估，对提交会议的“落架大修”“抬升修缮”“现状加固”以及“内部钢架支承”等修缮方案的可行性、可靠性逐一进行了评审论证。在意见不完全一致的情况下，与会专家采用投票方式同意了“抬升修缮”方案，从而确定了木塔“抬升修缮”的技术思路。

2003 年 3 月，国家文物局批复同意采取“抬升修缮”的技术思路编制木塔修缮方案，并对方案深化工作提出了进一步要求。按照“抬升修缮”的思路和国家文物局的要求，经过两年多的研究和设计，太原理工大学建筑设计研究院和山西省古建筑研究所编制了《应县木塔保护工程抬升修缮方案》，东南大学特种基础工程公司和东南大学建筑设计院编制了《应县木塔抗震加固方案》。

2006 年 4 月，国家文物局在山西朔州召开“应县木塔抬升修缮方案”评审会，与会专家实地考察了木塔现状，听取有关单位的方案介绍，对设计方案进行了认真的讨论并形成了会议结论。会议结论认为，《应县木塔保护工程抬升修缮方案》和《应县木塔抗震加固方案》作为实施方案还不够成熟，抬升方案应暂缓进行。此外，会议结论认为，现状加固方案是当前应采取的方案，要有针对性地解决现阶段能够解决的问题，对木塔采取必要的加固措施。

3.1.2 木塔修缮方案的专家评议

1. 落架大修方案

1）方案概况

落架大修是我国木结构古建筑的传统修缮方法，在中华人民共和国成立后也有较多的成功实例，其主要技术措施和要求已列入当时执行的国家标准《古建筑木结构维护与加固技术规范》（GB 50165—92）。

建议对木塔实行落架大修者大多为有丰富古建筑维修经验的专家，他们强调了木塔残损的严重性及落架大修的必要性和可行性，但并未有具体、详细的技术方案提交会议讨论，只是作为一种解决问题的思路。

按照《古建筑木结构维护与加固技术规范》要求，结合应县木塔实际状况，木塔落架大修的主要工序包括：①绘制木塔现状详图，对构件分类编号并确定其修缮要求；②在木塔周围架设脚手架、工作平台和起吊装置；③自上而下逐层将塔体构件拆卸，对拆下的构件按类型、编号放入指定的修缮场地；④对各类构件逐件进行检验、维修和加固，损伤严重的构件进行更换；⑤整修塔基后，将全部构件按照原有的正确位置重新组装。

鉴于木塔底层的木构件为土墼墙围护，总体损伤程度较轻，也可以只对底层以上结构进行落架大修。此外，底层大佛塑像、壁画可就地保护，其他楼层的塑像移位保护。

落架大修可对全部构件进行修缮加固，可使整个木塔恢复到原有的正确位置。但落架大修需要解决下述主要技术难题：①木塔构件的榫卯节点在近千年的压缩变形状态下接近固结，如何有效拆卸并减少损伤；②修缮时如何使变形损伤的构件恢复到原有尺寸，修缮后如何按木塔原有的正确位置组装；③需要较为宽敞的场地和工棚以放置、修缮拆卸下的大量构件；④构件的拆卸、修缮和安装需要较长的工期，现场的消防安全保障是一项非常艰巨的任务；⑤如何使修复的木塔较好地保留历史信息，历代增加的辅助构件是否还需保存。

2）专家评议

一些强调落架大修的专家，通过研讨会交流或撰文表述了落架大修的可行性，其主要观点摘录如下：①针对木塔第二层损坏严重，十分危险，第一、三、四、五层也有不同程度损坏的现状，最好的办法就是落架大修。对木构架建筑进行落架大修，是我国的传统修缮办法，也是一种稳妥的、彻底解除隐患的方法，我们有丰富的经验和十足的把握。②对拆卸下的全部构件进行检测、修缮、加固，对整修过的构件按原位进行精确组装，经过科学合理的落架大修，木塔再延寿 500 年、1000 年也是可能的。③对于“落架大修对木塔扰动太大，会因此而失去很多历史信息”的看法，是一种认识上的误区。木塔最主要的历史信息是木塔本身，是木塔的健康状态，保住了木塔，就是保住了最主要的历史信息。此外，若条件允许，也可以根据文物保护专家的意见，将历代对木塔支顶加固等有益信息全部保留。④木塔用料不过 4000m^3，周边有足够的工场用地，只要管理到位，防火安全不是问题。

对木塔落架大修的反对意见较多，从情感和文物价值方面，认为将这一世界级的瑰宝、展现了中华古代辉煌建筑成就的文化遗产拆卸重装，是一件难以接受的事；除非有确凿的研究数据证明木塔的安全性已受到威胁，且现有的原状保护技术经论证均不适用时，才可采取这一措施。从技术层面上，不赞成落架大修的意见主要集中在以下几点：①应县木塔属古代高层建筑，体量宏大、结构复杂，在近千年重压和强外力作用下，构件变形损伤有其特殊的规律，其修缮方法不能简单地借鉴、运用以往单层或多层古建筑落架修缮的经验；②木塔的榫卯结构经长期干缩和挤压后，已经互相卯合得很紧，硬性拆卸会使榫卯或构件损伤；③第二、三层大多数构件严重损伤需要更换，若更换标准较低，结构的承载能力未能提高；若更换标准较高，需较大地增加新构件的替代率，将影响木塔的历史文物价值；④木塔落架修缮后若按照原有正确的位置归安，需对大部分已长期变形的构件进行尺寸矫正，将对构件产生二次损伤。

经充分论证和交流，并综合保护理念与工程技术两个方面的考虑，专家最终的结论为：落架大修对于木塔不是最好的选择，且在目前阶段不适合采用。

2. 抬升修缮方案

1）方案概况

抬升修缮的基本思路为：将损伤程度较轻的木塔第三、四、五层整体抬升，对变形损伤严重的第二层进行落架修缮；待第二层整修安装好后，再将抬升的楼层重新放置在第二层上面。抬升修缮实质上属于“局部落架大修”，因木塔为高大、多层木结构，将其中间楼层落架大修，技术难度比“全部落架大修”要大得多。

抬升修缮的主要工序为：①在木塔周围及内部架设可起吊上部三层塔体的巨型钢塔架，分层设置工作平台和起重装置；②采用“托梁拔柱”方法，将上部三层塔体托起，固定在钢塔架上（图 3.1），并对局部损坏的构件进行修缮加固；③落架修缮、加固第二层构件，并修缮底层损坏的构件；④待第二层构件修缮、加固、整体安装后，再将上部三层塔体放置在第二层塔体上。

抬升修缮可原样保存上部轻微损坏的塔体，并能彻底修复第二层严重损坏的塔体。但抬升修缮需要解决下述技术难题：①钢塔架和工作平台需具备足够的刚度和稳定性；②钢塔架和上部塔体在较长施工期间的地震安全性；③上部塔层的有效托起，以及修缮后与下部塔层的归位吻合。

为了有效地抬升和修缮木塔，太原理工大学设计的钢塔架方案如下：

（1）钢塔架为八边形平面的双层钢筒构架，外径为 36.26m，塔架高 75.0m，在 22m 以上为垂直筒，以下为斜直筒，与木塔的外形相适应（图 3.2）。

（2）钢塔架的各部分组成和作用为：①内筒和外筒柱、环向梁和径向梁，构成钢塔架的主要承重部分；②抬升梁和内支架柱，用于放置被抬升的上部木塔；③腰桁架和帽桁架，分别用来加强变截面部位的强度、刚度和减少塔顶的侧向位移；④顶层米字桁架，用于起吊上部木塔；⑤上述各部分与其他支撑体系等构件，共同组成一个刚度较大、较稳定的空间刚架体系。

图 3.1　抬升修缮方案示意图

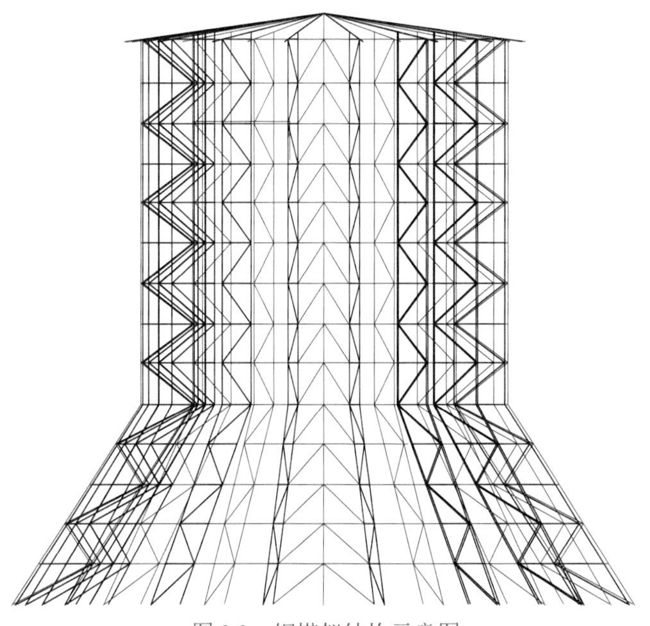
图 3.2　钢塔架结构示意图

（3）考虑到木塔维修时间较长，为避免雨、雪侵入，在钢塔架顶部设有屋盖，形成全封闭的构筑物。

（4）钢塔架基础为八边形梁板式筏基，放置在桩基之上，钢塔架与基础采用刚性连接。

（5）钢塔架按照抗震设防烈度 7 度进行验算。

2）专家评议

2002 年 11 月，在太原召开的应县木塔修缮保护工程方案评审论证会上，部分专家学者对抬升修缮方案持赞同意见，认为该方案既可彻底修复下部严重损坏的塔体，又可原样保存上部轻微损坏的塔体，兼容了“落架大修”和“现状加固”两种方案的优点。一些专家还认为，该方案考虑细致，技术可行性强，是现代科技与古建筑修缮传统方法相结合的典型，体现了我国科技水平的进步。但由于大型钢塔架要求足够的强度和刚度，用钢量较多，相应费用将增大。

抬升修缮方案在论证会公布之后，受到国内一些文物保护专家，特别是有工程实践经验的古建专家的反对。主要意见摘录如下：①抬升钢架重达 4000t 以上，须在木塔周围打桩做基础，甚至要做降水处理，势必对木塔基础造成严重扰动；②双层钢筒构架的内筒需竖向穿越木塔内部，造成楼盖损伤；③抬升塔体的巨大钢托盘将横向穿入塔体，其组装作业需拆除与托盘位置相矛盾的木构件，也将对木塔造成严重扰动；④由于木塔变形损伤严重，硬性抬升会造成第二、三层之间连接榫卯的折断、劈裂或破坏；⑤木塔第二、三层拆开之后，构件将产生弹性变形，再以三层底部的未修之体安插在二层之上的已修之身，不可能实现；⑥抬升钢架用钢量大、费用高，抬升作业需 6～10 年，方案在经费和时间方面均不合理。

鉴于抬升修缮方案存在的问题较多，反对意见较为强烈，2006 年 4 月，在国家文物局召开的“应县木塔抬升修缮方案”评审会上未能通过评审，暂缓实施。

3. 内部钢架支承方案

1）方案概况

内部钢架支承方案的基本思路是在塔体的内、外槽之间设置独立钢架，对损伤较为严重的一、二、三层塔体进行支托（图 3.3），使木塔成为部分承重结构，以有效地降低下部塔层木结构的受压应力，提高整体结构的稳定性。该方案实质上属于“介入式维护”的方法，将原本由薄弱柱圈层承受的荷重转移到介入的钢架上，从而使严重变形损伤的构件解脱出来。

图 3.3　内部钢架支承示意图

中国城市规划设计研究院提交的内部钢架支承方案如下：

（1）钢架平面为八边形，高三层，由八榀柱架和三层梁架组成（图 3.4）。

（2）钢架下设独立基础，采用面积较大的筏板式基础，位于一层内、外槽之间，基础底部与木塔主柱基础平齐。

（3）每榀柱架由两根钢管混凝土柱和柱间支撑件组成，在各层梁架处设钢牛腿用于支承梁架。

（4）每层梁架由八榀平面桁架组合而成，平面桁架用工字钢主梁和斜撑焊接，主梁端部搁置在柱架牛腿上，并用连接钢板固接。

（5）梁架位于各层平坐的结构层下，直接承托内、外槽之间的乳栿，主梁顶部与乳栿底部空隙用楔形垫木塞紧。

（6）钢架承受木塔四层平坐结构层以上的塔身垂直荷载及以下几层的自重，

解除原有承重构件的负荷；通过与平坐结构层底部梁栿的固结，防止木塔水平方向位移，保持整体的稳定。

内部钢架支承对木塔现存结构的干预较小，可基本解决木塔的安全问题，且可最大限度保留木塔的全部历史信息，包括残损现状。但巨型空间钢架的存在，明显地改变了木塔内部的原有风貌，并使木塔成为新型钢木组合体系。

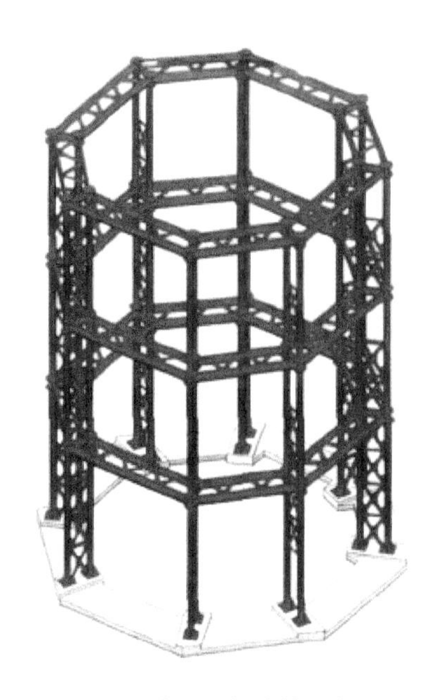

图 3.4　内部钢架结构示意图

2）专家评议

对于内部钢架支承方案的宗旨“基本解决木塔结构的安全和最大限度保留历史信息”，评审专家均给予了肯定，但从三个方面提出了批评意见：①从技术角度来看，钢架需在竖向和横向穿越木塔内部，除了要损坏楼盖，还不可避免地与楼梯以及平坐中的支撑产生冲突；②从安全角度来看，受底层空间位置的限制，钢塔架独立基础的埋设将局部破坏底层的墙体，并对台基的稳定产生不利影响；③从保护理念来看，钢架支承后的木塔类似一个没有生命的标本，失去了原有木结构的特性和活力。此外，设置的钢架永久性地留在木塔内部，对竖直和水平通行都有阻碍，不便于今后游客的登高和观瞻，使木塔失去了原有的功能和价值。由于存在上述方面的缺陷，内部钢架支承方案在评审会上没有得到采用。

实际上，在木塔修缮方案难于确定且变形损伤不断恶化的情况下，采用内部钢架支承木塔，可作为一种防范意外风险的临时措施，并可作为今后木塔修缮的内部安全支撑。若在钢架的布置方式和连接构造上进行精细化、轻型化和可逆性设计，尽可能减少对木塔构件和墙体的损伤，尽可能减少自重和对塔内地基的压力，并使钢架结构易于安装和拆卸，以便木塔成熟的修缮方案确定后能全部拆除，则内部钢架支承方案的价值会得到更多的认可。

4. 现状加固方案

1）方案概况

现状加固是在不拆落塔体结构的情况下，对第二、三层塔体中倾斜严重的构件进行“打牮拨正”或局部支顶，对严重残损的构件进行加固或更换，以阻止险情继续发展，使木塔维持现状下的稳定和安全。

关于木塔现状加固的方案较多，主要技术措施有：

（1）在第二、三层的内、外槽柱间增设斜向支撑，以提高明层柱圈的抗变形能力。

（2）在第二、三层变形较大的柱子内侧增设新的辅柱，辅柱的下部伸入暗层中固定，主柱、原有辅柱、新增辅柱共同受力，增大了承压面积，减少了主柱原有的竖向偏心，并提高了抗侧移能力。

（3）在侧移较大的第二层柱头周边设置平面钢桁架，限制柱头倾斜的发展。

（4）采用三角形联合加力装置，对偏斜柱身加以纠正。

（5）采用“托梁换柱”工艺调换失去承载能力的构件，以解决构件的残损和变形问题。

（6）采用轻质高强的碳纤维材料加固木构件和榫卯节点，以增强构件的承载能力。

（7）采用环氧树脂或桐油浸渗木构件，以强化木构件或减缓木构件老化。

这些方案大多为针对木塔某一残损状况提出的具体加固措施，或为两种及以上加固措施的组合，但较少涉及木塔险情的综合处理方法。

与落架大修、抬升修缮、内部钢架支承方案相比，现状加固方案对木塔结构的干扰程度较少，基本保留了历史信息，且工程量较小、工期较短。但现状加固方案也存在着明显的不足：首先，在上部较大荷重作用和节点长期压缩变形的情况下，进行倾斜构件的拨正和残损构件的更换是施工难点；其次，增设的斜向支撑、钢桁架对木塔内部的原貌将产生不利影响，且木塔结构的整体倾斜和偏心受力状况并未得到根本解决。

2）专家评议

2002 年 11 月，在太原召开的应县木塔修缮保护工程方案评审论证会上，较多专家认为，所提供的现状加固方案，在保持木塔现状的基础上，对严重变形、残损的构件提出了拨正、加固措施，方案的投资较低，但未能解决木塔整体变形及残损压缩等关键问题。因此，现状加固方案最终未能通过审定。

然而，2006 年 4 月，在山西朔州召开的“应县木塔抬升修缮方案”评审会上，鉴于抬升方案暂缓进行，且没有更好的方案可以替代，现状加固作为木塔现状改善和防范风险的可行方法，再次引起与会专家的关注。会议建议：在目前情况下，首先采用先进技术手段对木塔损坏状况进行勘察测绘，取得准确数据，并加强对木塔的监控检测工作，以及时发现问题；与此同时，抓紧征集现状加固方案，在短时间内先对木塔进行现状加固，以防不测，以便争取时间，研究更好的保护修缮方案。

3.2 应县木塔现状抢险加固方案

3.2.1 方案编制背景及过程

1. 方案编制背景

国家文物局于 2006 年发文（文物保函〔2006〕556 号），对应县木塔加固方案的征集、评审及后续工作给出了指导性意见：在木塔整体保护维修方案确定、实施之前，应当针对木塔现存险情，认真研究、制定现状加固方案，采取必要的现状加固措施，有针对性地解决现阶段能够解决的问题。此后，以中国文化遗产研究院为主的科研院所和一批热心于古建筑保护的高等院校，将应县木塔的现状加固作为重点，开展了结构性能监测、模型试验、力学分析和加固方案的研制工作，并取得了较为丰富的成果。

2007 年 4 月，国家文物局在山西太原召开应县木塔修缮保护工程座谈会，建议应县人民政府为应县木塔修缮保护工程的法人单位。自 2007 年起，受应县人民政府的委托，中国文化遗产研究院作为技术牵头单位，承担了应县木塔监测系统方案设计和实施项目。

2007 年 9 月，中国文化遗产研究院完成《佛宫寺释迦塔（应县木塔）监测方案设计》，并于 11 月通过国家文物局组织的专家组的评审。2012 年 12 月，该院完成了应县木塔监测第一阶段的工作，主要监测内容包括结构变形、地面脉动、风荷载及风效应、结构动力特性等。2013 年，该院开始了应县木塔第二阶段监测工作，重点监测木塔局部结构和整体结构变形，以详细了解其变形的趋势和规律，为应县木塔结构修缮加固的实施、结构安全性评估等提供基础性的数据和依据。

中国文化遗产研究院基于勘察、试验、测绘和监测报告等技术资料，对应县木塔现状结构安全性初步评估如下：①在没有意外的突发事件（火灾、强度超过 7 级的地震（近震）、超过 10 级的风灾等）的正常情况下（即正常使用、正常的外界荷载作用下），应县木塔整体结构是相对稳定的，当前还没有发现整体结构突然倒塌的危险征兆；②应县木塔第四层和第五层整体结构完整且状态良好，构件变形不显著，结构无明显破坏特征；③应县木塔第二层、第三层明层中倾斜严重的柱子，在自重作用下产生的水平推力，将进一步导致木塔向东北方向倾斜；而且倾斜越严重，水平推力越大，倾斜发展的速度就越快，在一定的外力作用下，这些柱子存在倒塌的风险。局部柱子的倾斜倒塌，将危及应县木塔整体结构的安全。因此，为了确保应县木塔的结构安全，当务之急是要控制二层明层中倾斜柱变形的进一步发展。

2. 方案的初步研制

在前期监测和安全性评估的基础上，中国文化遗产研究院按照国家文物局要求，开展了木塔现状抢险加固方案的研制工作，并于 2013 年编制了《应县木塔严重倾斜部位及严重残损构件加固方案》，重点对木塔第二、三层严重倾斜部位及严重残损构件进行抢险加固。该方案的特点是，针对应县木塔结构体系当前的主要病害，采用新技术、新材料与传统工艺相结合的方法，以最小的干预程度逐步解决问题，确保应县木塔的安全。

国家文物局于 2013 年 9 月、2014 年 1 月两次组织召开专家评审会、咨询会，对《应县木塔严重倾斜部位及严重残损构件加固方案》进行审议，并提出了修改意见。会后，中国文化遗产研究院根据专家意见，完成了《应县木塔严重倾斜部位及严重残损构件加固方案（报批稿）》，呈山西省文物局上报国家文物局审批。

2014 年 3 月，国家文物局发文（文物保函〔2014〕237 号）批复，原则同意《应县木塔严重倾斜部位及严重残损构件加固方案（报批稿）》。批文指出，加固工程应以加强木塔整体结构的稳定和安全为目标，采取有针对性的局部加固防护措施，有效控制木塔倾斜险情的发展。为此，要求对加固方案作以下深化、修改：

（1）严格遵循最小干预等文物保护基本原则和科学规律，充分考虑加固工程的可逆性，以确保文物本体安全和不扰动木塔主体结构为前提，严格控制新的荷载变化。

（2）在准确分析、评估相关数据的基础上，进一步深化病因分析及受力状况、结构特性等研究。

（3）注意结构加固措施的整体性。

（4）科学比选加固用材。优先使用传统材料、工艺，新材料、新工艺的使用须经过充分的前期试验，获取可靠依据，保证可行性、耐久性和可逆性，并注意充分评估新添构件重量对应县木塔的影响。

3. 方案的优化设计

根据国家文物局文物保函（〔2014〕237号）批复意见，2014年4月，中国文化遗产研究院完成了应县木塔严重倾斜部位及严重残损构件加固工程施工图设计。

2014年12月4日，应县木塔严重倾斜部位及严重残损构件加固工程正式启动。工程启动后，中国文化遗产研究院结合木塔加固部位的实际构造，参照加固连接件专业生产厂家的生产工艺要求，优化了钢箍、智能拉杆、斜木撑杆加载装置的设计内容，于2015年8月制定了《应县木塔严重倾斜部位及严重残损构件加固工程施工深化和优化设计》，呈山西省文物局上报国家文物局审批。

2016年2月，国家文物局发文（文物保函〔2016〕25号）批复，原则同意《应县木塔严重倾斜部位及严重残损构件加固工程施工深化和优化设计》方案。批文要求对方案进行以下必要修改和完善：

（1）严格遵循最小干预等文物保护基本原则和科学规律，以加强木塔整体结构的稳定和安全为目标，充分考虑加固工程的安全性、可靠性、可逆性，严格控制新的荷载变化，避免扰动木塔主体结构，有效控制木塔倾斜险情的发展。

（2）进一步深化对木塔结构等的研究和认识，加强基础理论分析、前期试验、模拟测试和数据分析，确定拟采用材料的安全性、稳定性，搜集必要的数据参数。同时，充分评估新添构件对应县木塔的影响，完善避雷等防护措施，明确具体操作技术要求和施工流程，确保工程质量和加固过程中应县木塔结构安全。

（3）应在已有监测数据和试验分析的基础上，进一步明确工程措施拟达到的加固效果和测算标准，为验证加固措施的有效性提供依据。

（4）应充分预估加固工程中可能存在的安全隐患和突发情况，完善应急预案，明确应对措施，严密防范施工中可能出现的突发情况，确保木塔安全。

（5）应采取有效措施尽量减小外侧加固构件对木塔外观形象的影响。

（6）应注意及时搜集加固过程中的各类信息数据和影像资料，妥善保护木塔文物构件，及时记录、整理、研究和保存加固工程的各项档案资料，明确资料整理和报告编写计划。

（7）已严重残损、工程实施过程中必须予以加固的建筑构件可采用碳纤维包裹加固方式。如涉及对木塔内木柱和构件更换，或采取其他构件加固措施，须按程序另行报批。

根据国家文物局文物保函（〔2016〕25 号）的精神和要求，中国文化遗产研究院对《应县木塔严重倾斜部位及严重残损构件加固工程施工深化和优化设计》进行了修改、补充与完善，并最终形成了《应县木塔严重倾斜部位及严重残损构件加固工程施工深化和优化设计（定稿）》。

3.2.2 方案主要内容及措施

1. 加固部位与加固目标

1）严重倾斜部位与构件

（1）严重倾斜部位：应县木塔二层明层。

（2）严重倾斜的柱子：二层明层外槽 W21、W22、W23、W24、W1 柱与内槽 N1 和 N2 柱等向内倾斜（图 3.5）；二层明层外槽西北面、北面和东北面柱子外闪。

2）严重残损构件

（1）二层平坐、二层明层、三层平坐：部分外槽柱、内槽柱以及个别栌斗。

（2）二层平坐、三层平坐：部分草栿上下串。

（3）二层明层：内槽西侧材枋。

（4）三层明层：个别草栿。

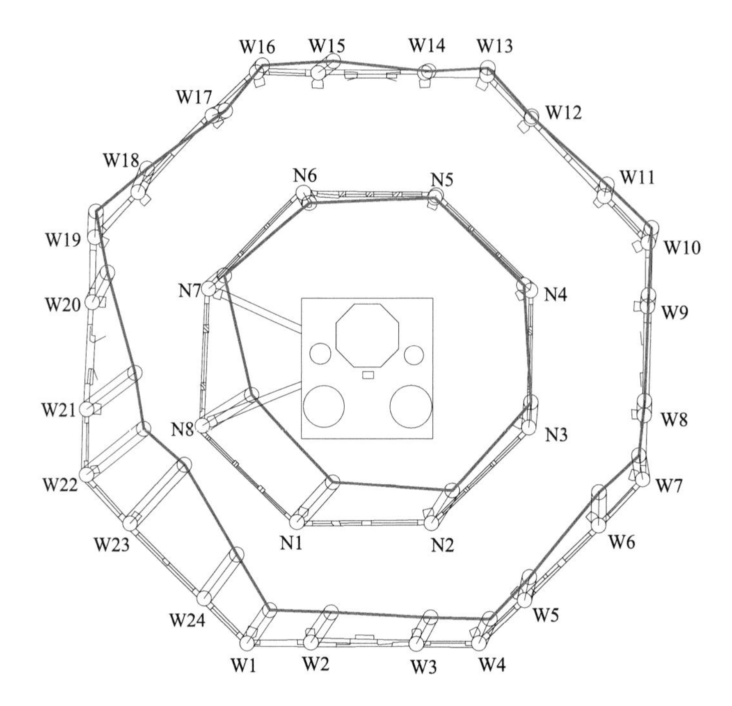

图 3.5　木塔柱位编号与二层明层柱倾斜现状示意（倾斜值放大 5 倍）

3）加固目标

（1）制止或最大程度减缓二层明层层间倾斜变形的进一步发展。

（2）试验性加固严重残损构件，改善严重残损构件的受力性能。

2. 严重倾斜部位的加固

1）加固措施

（1）设置柱间钢拉杆

在外槽南面、西面、东南面和西北面的明间和次间设置钢拉杆，同时在内槽南面、西面、东南面和西北面设置钢拉杆（图 3.6）。

钢拉杆设计成具有主动调节功能的智能钢拉杆，为约束柱圈的倾斜变形提供可控的侧向力。智能钢拉杆两端与柱脚和柱头用抱箍相连。

（2）设置柱间斜木撑

在外槽的南面、西面、东南和西北 4 个面分别布置单向斜木撑，斜木撑的加力方向与柱圈整体倾斜方向逆向；在另外 4 个面的每面两个次间内对称布置斜木撑（图 3.7）。

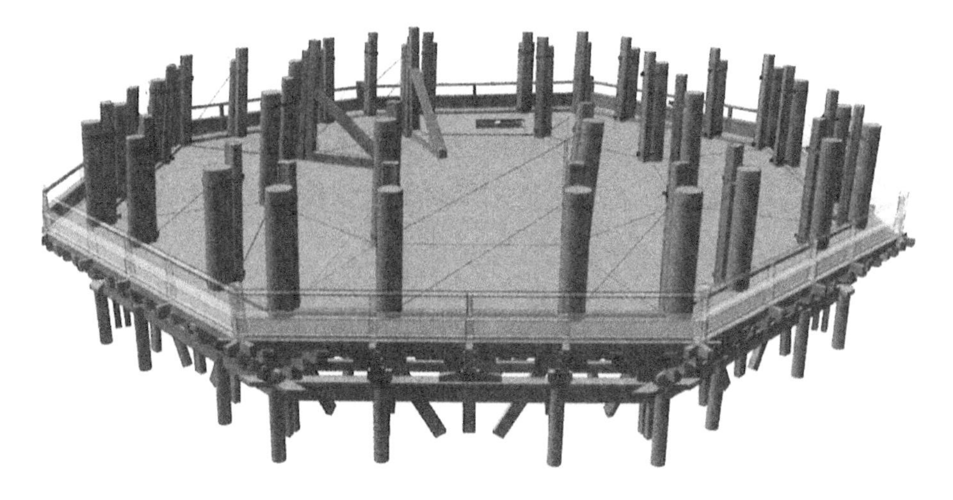

图 3.6　内、外槽柱间钢拉杆加固示意图

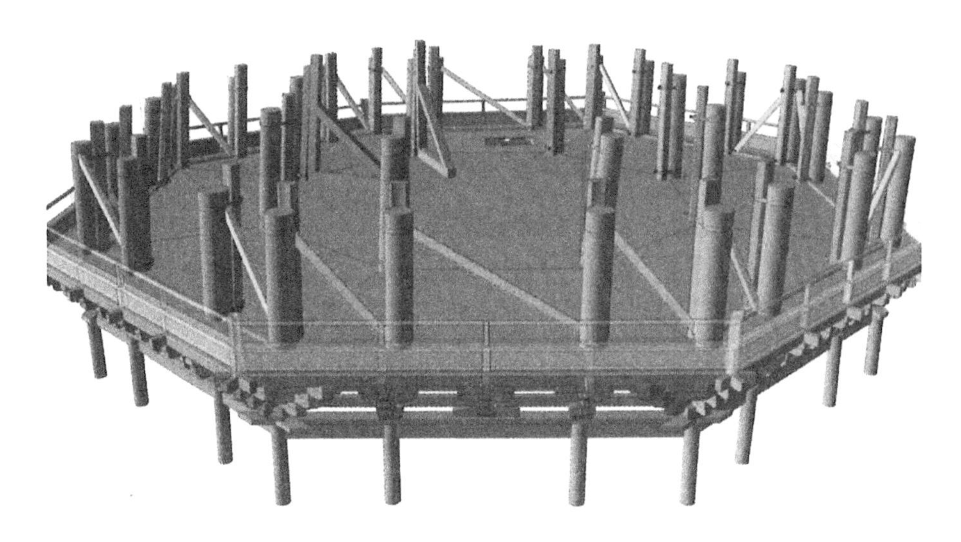

图 3.7　外槽柱间斜木撑加固示意图

斜木撑与柱子之间的连接件具有变形可调的功能，与智能钢拉杆共同工作，以控制明层倾斜变形的进一步发展。

（3）设置内、外槽之间斜木撑

在外槽倾斜最为严重的 W21、W23、W24 柱，即西南面和西面的平柱柱头与内槽 N1、N8 柱脚之间设置斜木撑（图 3.8），用以控制这两个面的平柱倾斜变形的进一步发展。

（4）设置内、外槽之间水平拉索

在外槽西南面和西面的柱头与内槽柱头之间，外槽东北与东面的柱头与内槽柱头之间设置水平拉索，增强内、外柱圈之间的整体性（图 3.8）。

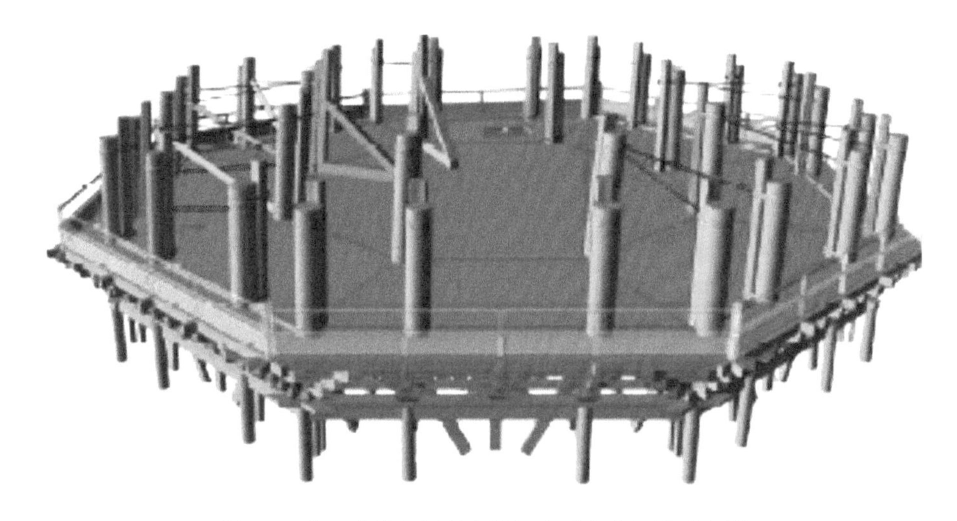

图 3.8 内、外槽之间斜木撑与水平拉索加固示意图

（5）安装拉压监测传感器

在所有的拉杆与撑杆内安装拉压监测传感器，以实时记录加固系统的内力及其变化，并通过构件加载装置，有计划地主动控制杆件的内力值。

2）加固件设计

（1）智能钢拉杆与抱箍

智能钢拉杆直径 20mm，采用 Q345B 钢材制作（图 3.9），其智能调节套标定量程为 50kN，拉杆调节量为±48mm。

图 3.9 智能钢拉杆效果图

抱箍用 10mm 厚钢片制作（图 3.10），一端连接智能钢拉杆，另一端连接斜木撑。

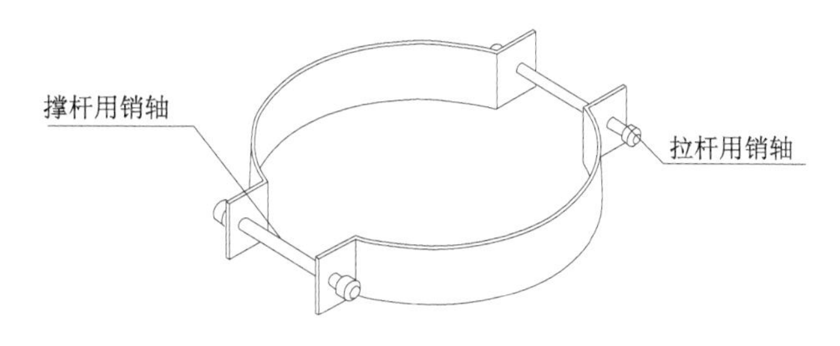

图 3.10　抱箍示意图

（2）斜木撑

斜木撑采用落叶松制作，木材的含水率控制在 12%之内。

环向（柱圈内）斜木撑截面尺寸为 120mm×200mm，径向（两柱圈之间）斜木撑截面尺寸为 150mm×240mm。

斜木撑通过加载调节端连接件与抱箍相连，并通过调节器伸缩连接件调节荷载；固定端通过抱箍与柱子相连（图 3.11）。

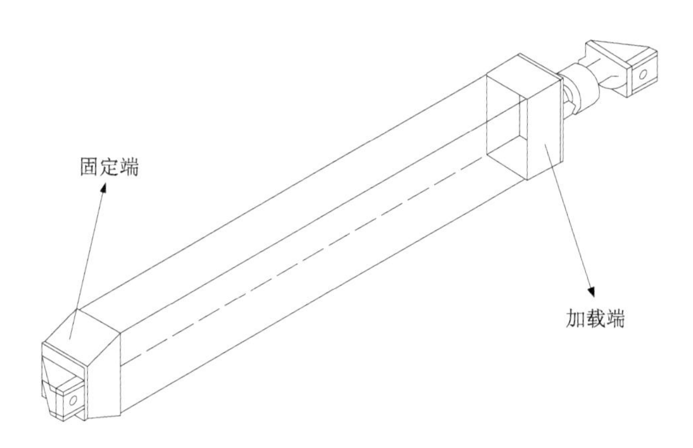

图 3.11　斜木撑及两端连接件示意图

（3）水平拉索及锚具

水平拉索材料选择有环氧树脂涂层的钢绞线，锚具进行专门开发，以满足严重倾斜部位加固的技术需要，并符合文物保护的原则要求。

3. 严重残损构件的加固

1）严重开裂柱的加固

（1）已设钢箍的柱

二层明层：外槽 W2、W3、W4、W9、W11、W15、W16、W19、W20 主柱

开裂严重，内槽N4主柱开裂严重。

按照严重倾斜部位加固方案，在二层明层设置柱间智能钢拉杆、斜木撑与拉索，需要加设柱头与柱脚钢箍。因此，二层明层所有柱子均已加设了钢箍，无须专门再设钢箍。

（2）另设钢箍的柱

二层平坐：内槽N1、N2、N4、N5、N6开裂严重。

三层平坐：外槽W11主柱开裂严重，内槽N4、N7、N8主柱开裂严重。

三层明层：外槽W18、W23主柱开裂严重，内槽N1、N3、N4主柱开裂严重。

对以上柱子需另设钢箍，以增强开裂柱子整体性，提高柱身的抗侧移能力。

（3）另设钢箍的做法

钢箍的构造和做法可以参照木塔以往用来加固的钢箍构造。对于有加固钢箍的柱，可以将原有钢箍拆卸后安装新钢箍。

新钢箍材料用镀锌的高强合金钢，材质与工艺严格按照相关规范和标准执行。钢箍表面要求进行磨砂做旧、防腐和防雷处理。

2）开裂弯扭草乳栿、草栿的加固

（1）加固部位

二层明层：N5-W14草乳栿端部开裂错位严重。

三层明层：N4-W9草乳栿斜裂。

二层平坐：N2-W4、N5-W12、N7-W18、N7-W19、N7-W20、N8-W23草栿上下串弯扭开裂严重。

三层平坐：N6-W17、N7-W18、N7-W19、N8-W22、N1-W24、N1-W1、N1-W2草栿上下串弯扭开裂严重。

（2）加固方法

用芳纶纤维箍缠绕构件（图3.12），在上下串表面加设隔离层，涂刷新型环氧树脂，开裂严重位置填塞木条、木楔或加帮木方。

3）严重炮损构件的加固

（1）加固部位

二层明层：内槽西侧材枋炮损严重。

图 3.12　芳纶纤维箍加固草乳栿示意图

（2）加固方法

阑额两侧外帮木方与普柏枋形成矩形截面，外缠芳纶纤维且在木材表面加设隔离层，涂刷新型环氧树脂，开裂严重位置填塞木条（图 3.13）。

对于炮损材枋，保留原有形态，在其完好位置加设钢箍，用齿板锚固，然后在 4 个角部用角钢连接构成空间小框架，传递水平拉力，且保持原有破损形态展示。

3.2.3　方案实施情况及进展

为了确保《应县木塔严重倾斜部位及严重残损构件加固方案》的安全有效实施，国家文物局在文物保函（〔2014〕237 号）中，要求山西省文物局“牵头会同当地人民政府和有关专业机构，成立应县木塔加固工程领导小组，全面负责工程组织实施等相关工作，进一步加强对加固工程实施的领导、协调和管理”。

2014 年 12 月，应县木塔严重倾斜部位及严重残损构件加固工程启动后，国家文物局在文物保函（〔2016〕25 号）中，再次要求山西省文物局“充分发挥应县木塔加固工程领导小组的作用，进一步加强对加固工程实施的领导、协调和管理，明确责任，密切配合，做好工程前期准备，加强施工组织、质量控制和工地现场管理工作，确保工程顺利实施。施工中应加强预判，如出现突发情况，应立即停止施工并查明原因，予以妥善处置”。

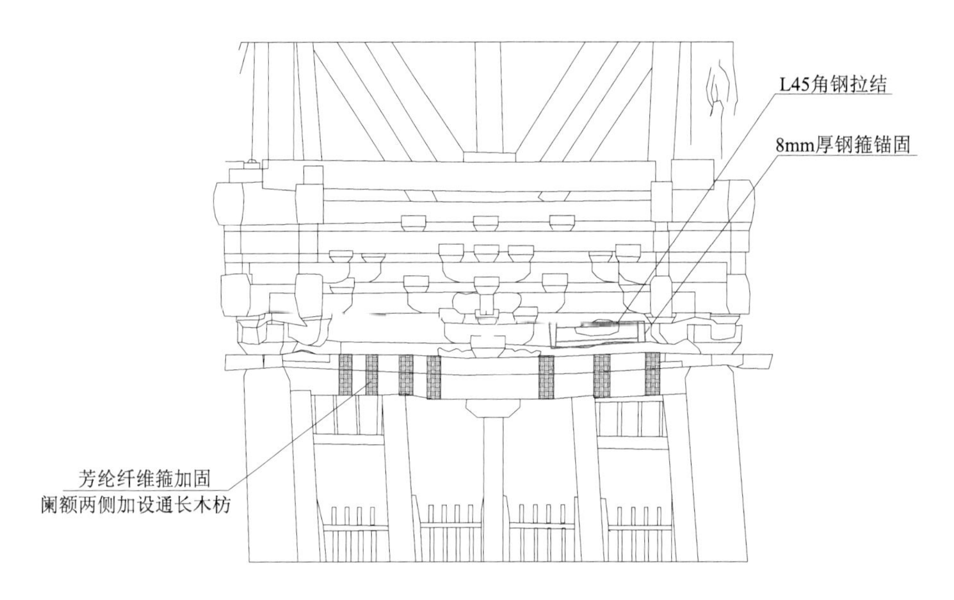

图 3.13　炮损部位加固示意图

2016 年，中国文化遗产研究院和山西省古建筑保护工程有限公司共同负责，开展加固方案的试验性施工。施工初期，应县木塔加固工程领导小组邀请古建筑结构专家到施工现场进行考察指导，提出了施工细化建议，并同意施工项目组选择二层外槽东南面作为施工试验面的方案。施工项目组按照加固方案，在木塔二层试验面安装的加固件见图 3.14。

对于加固方案的实施情况，一些专家学者提出了不同意见，主要包括：①钢索是非线性结构，难以预判其在承载上部三层荷载的情况下，当二层外槽环向钢索加力后对木塔的整体稳定的影响；同时有可能会影响二层明层结构原有的摆动特性；②倾斜严重部位内、外槽之间加设径向斜撑会造成木塔平面刚度的不均，可能导致不可预见的变形；③木塔外侧增加的斜撑影响观瞻。

在完成木塔试验面施工并广泛听取各方面意见后，应县木塔加固工程领导小组决定暂停实施加固方案，以总结其经验与不足。2017 年以来，中国文化遗产研究院正在参照监测数据，对木塔变形和结构特性进行深入了解，对方案的实施做进一步优化。

图 3.14　木塔加固方案实施的试验面（2017 年底暂停）

第 4 章

应县木塔外部水平张拉复位方法

4.1 外部水平张拉复位工艺

4.1.1 复位工艺技术特征

1973 年 9 月，国家文物局邀请杨廷宝、陈明达等著名专家学者对应县木塔进行会诊后，整理了《应县木塔勘查座谈纪要》。《应县木塔勘查座谈纪要》认为，“对木塔修缮的基本方法应采取不落架支撑加固的办法，保持原貌原构和它的完整性”，并建议通过“拨正试验”确定木塔可拨正的程度，待木塔拨正后再用木材进行内部支撑加固。

应县木塔是我国重要的文化遗产，其修缮加固需遵循文物保护原则，并要保证绝对安全。因木塔体型高大、构造复杂，对其进行“不落架支撑加固”，技术要求高，施工难度大。

扬州大学古建筑保护课题组借鉴《应县木塔勘查座谈纪要》的思路，针对应县木塔扭转倾斜的特征以及高层建筑拨正的技术难点，研制了基于外部水平张拉复位的“楼阁式木塔扭、倾变形的张拉复位方法”，并获得了国家发明专利授权。

研制外部水平张拉复位方法的目的，是为应县木塔提供一种兼具“原状拨正”和“安全简便”的修缮方法，以满足文物保护和结构安全的要求。该方法的技术特征是，利用木塔修缮的外部施工支架兼做复位工作平台，辅以内部层间钢支撑构成的支承保护体系，对产生扭曲变形和倾斜的木构架，通过外部水平张拉复位、内部竖向支承保护的方式进行原状拨正，使木塔安全地恢复到原有竖直状态。

4.1.2 复位工艺技术方案

1. 施工支架的设计加固

进行应县木塔修缮加固时，通常需沿其外侧设置施工脚手架，用于垂直运输。为了对变形的木塔实施水平张拉复位，可在施工脚手架上对应于待复位楼层的部位增设工作平台、安装张拉复位装置，形成运输、复位两用的施工支架，如图 4.1 所示。

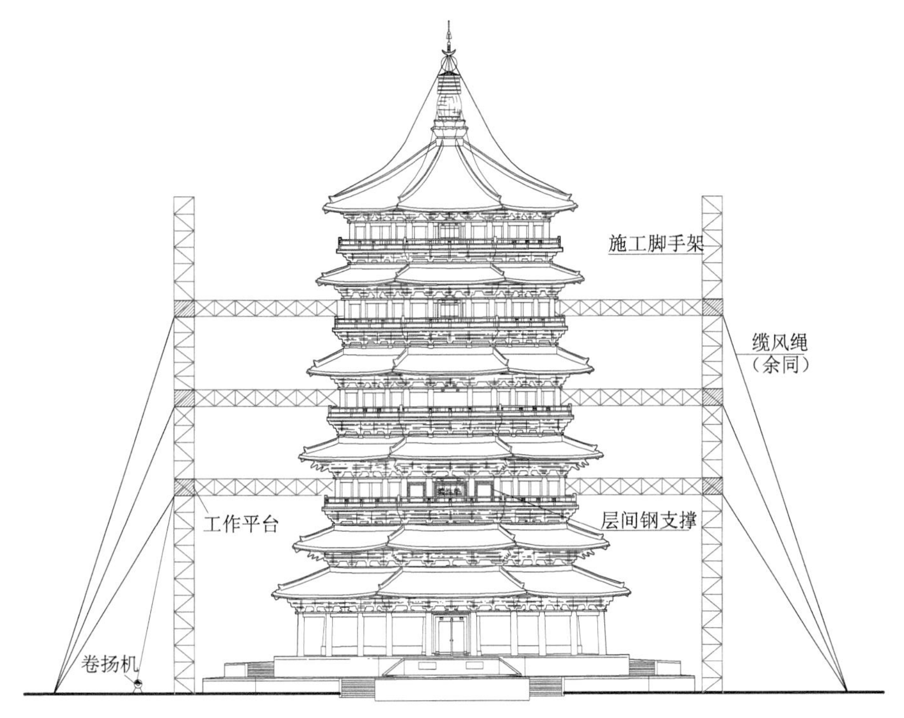

图 4.1 木塔施工支架布置示意图

根据张拉复位工艺要求和加固设计方案，对施工支架进行结构加固并设置缆风绳拉结，以保证支架的整体刚度、强度、稳定性以及张拉复位力的有效施加。

2. 张拉复位装置的安装

在施工支架上安装复位工作平台和张拉复位装置。张拉复位装置由张拉控制器、张拉钢索、测量仪表、花篮螺栓紧固件等组合而成，如图 4.2 所示。

楼层复位所需的拉力由安装在地面的慢速电动卷扬机施加，张拉控制器将卷扬机钢丝绳的斜向拉力转换成便于复位控制的水平张拉力，并通过张拉钢索和连接在塔体木柱上的钢夹板（图 4.3），来牵动倾斜木柱复位。张拉控制器滚轴上的闭合锁定器可控制和保持张拉力的稳定施加，测量仪表和花篮螺栓紧固件分别用于张拉力的测定和微调。

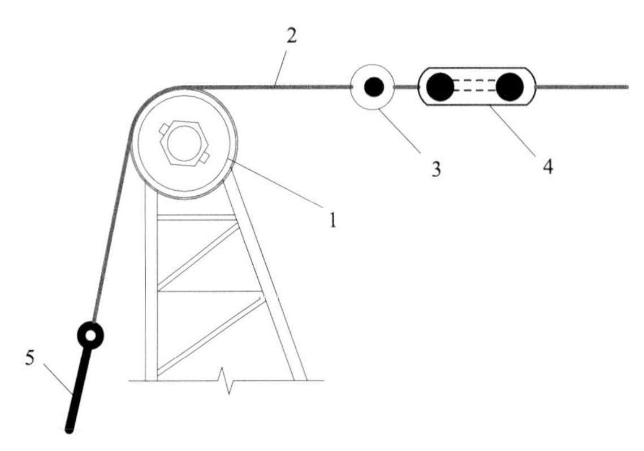

图 4.2　张拉复位装置示意图

1.张拉控制器；2.张拉钢索；3.测量仪表；4.花篮螺栓紧固件；5.卷扬机钢丝绳

3. 楼层保护装置的安装

对施加复位力的楼层，在复位力作用的木构架之间安装可调节高度的层间钢支撑（图 4.3），以保护楼层在张拉复位施工中的整体安全，并可为损伤木构件的修缮提供支承保护。

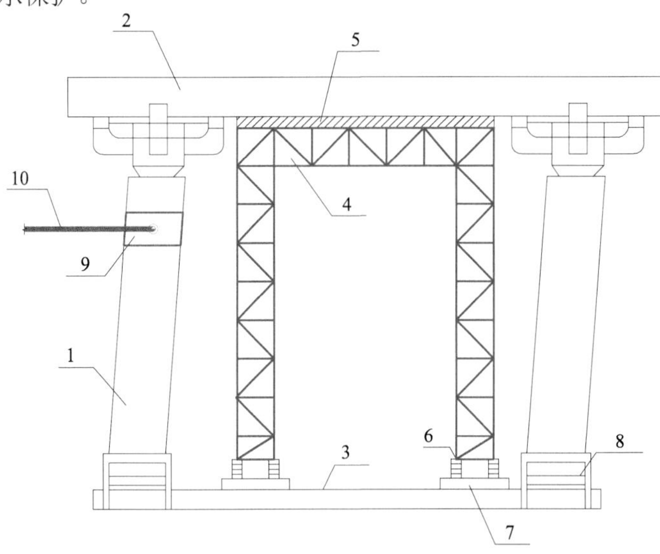

图 4.3　层间钢支撑布置示意图

1.木柱；2.木梁栿；3.楼板；4.层间钢支撑；5.柔性垫层；6.螺旋式高度调节装置；7.硬木垫板；8.柱脚钢板箍；9.钢夹板；10.张拉钢索

4. 张拉复位力系的施加

对楼层进行扭曲复位施工时，可选择塔体对称的四个边设置复位工作平台，将张拉钢索连接在每边木柱上端的钢夹板上；通过张拉复位装置施加水平张拉力 N，形成平面复位力偶 M_n（图 4.4）。

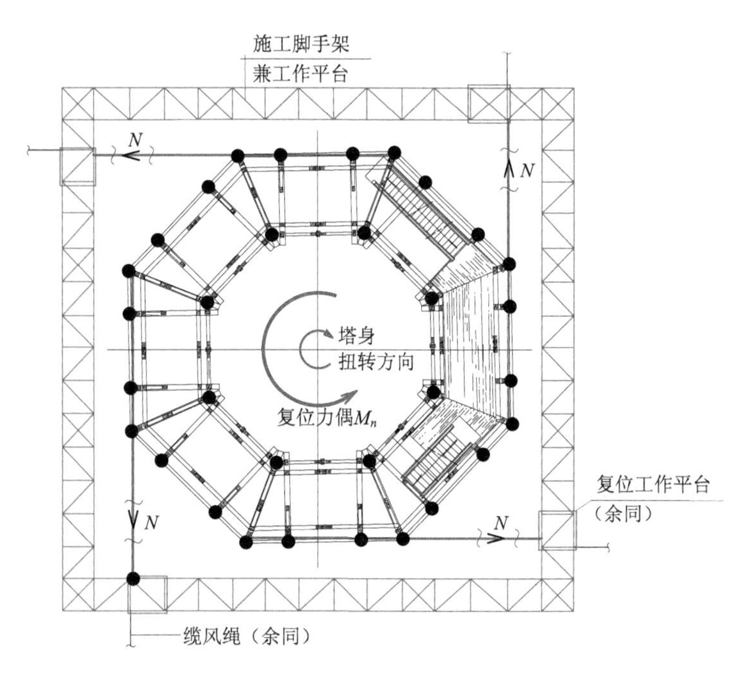

图 4.4　木塔的平面及复位力偶示意图

同理，对楼层进行侧移复位施工时，可选择与复位方向一致的两个边设置复位工作平台，并施加同向水平张拉力 N，形成平面复位拉力 N_n（图 4.5）。

图 4.4 和图 4.5 中的水平张拉力 N，为每边木柱上张拉钢索的合力。其值应根据力学分析确定，且可按照楼层和木柱的倾斜状态（参见表 1.1～表 1.3）进行分配。

对于同时存在平面扭转和侧移的楼层，可根据实际变形情况，将上述两种基本方法综合使用，选择合理有效的张拉力加载位置和方向，以简化张拉复位装置的布置和张拉程序。

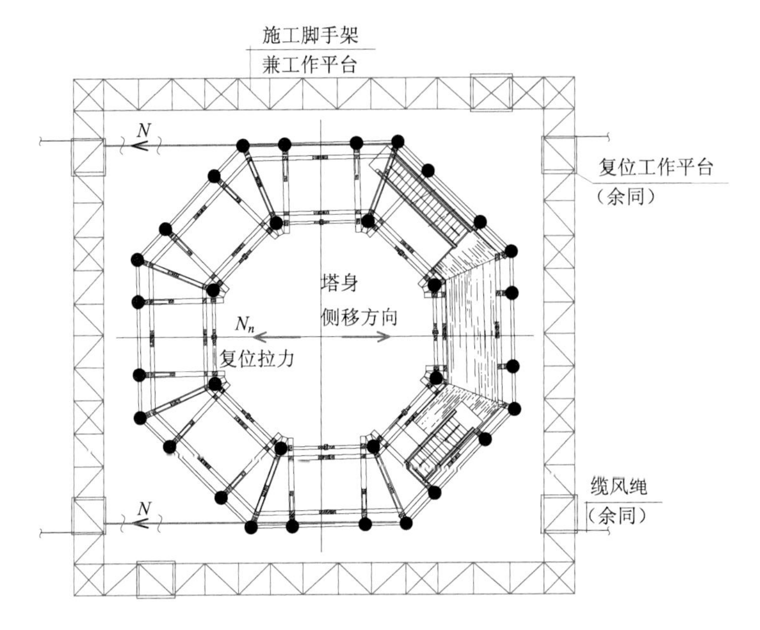

图 4.5　木塔的平面及复位拉力示意图

5. 张拉复位施工与监控

张拉复位施工时，采用地面观测系统与塔体内设测量系统对楼层复位状况进行测量和监控。

设楼层目标恢复值为 Δ（图 4.6（a）），分级施加张拉力使木塔逐步复位；每级复位控制值不超过 $\Delta/5$，且保持张拉力一个星期再继续张拉，以降低木构架的施工应力增量并提高复位稳定性；楼层复位达到目标恢复值 Δ 时，宜继续增加一个 $\Delta/10$ 的超目标复位值（图 4.6（b）），以抵消张拉力卸除后木构架的弹性回倾量。

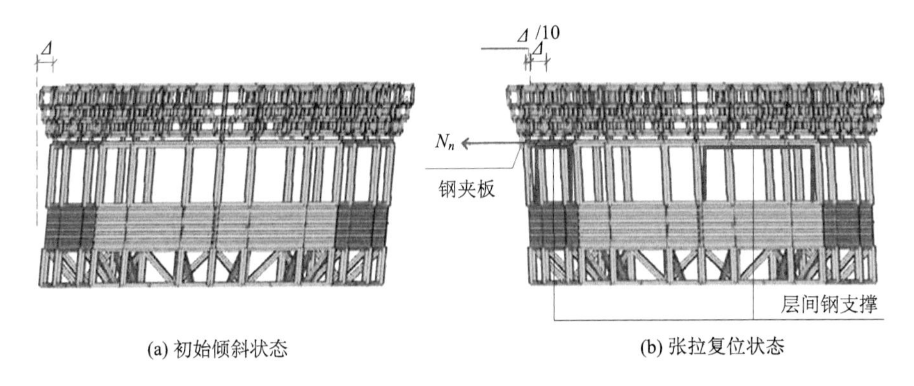

图 4.6　楼层复位状态示意图

当楼层张拉复位达到预定目标后，运用花篮螺栓紧固件对张拉钢索进行微调，使每根木柱恢复到原有竖直状态，并采用木楔紧固木构架的松弛节点(图 4.7(a))，使构架保持整体稳定。此后，继续维持张拉力两个星期，每天测量木构架的垂直度变化值，并记录张拉力的松弛情况；待楼层整体变形基本稳定后，逐步放松花篮螺栓，卸除张拉力，在楼层完成弹性回倾后达到最终稳定状态（图 4.7（b））。

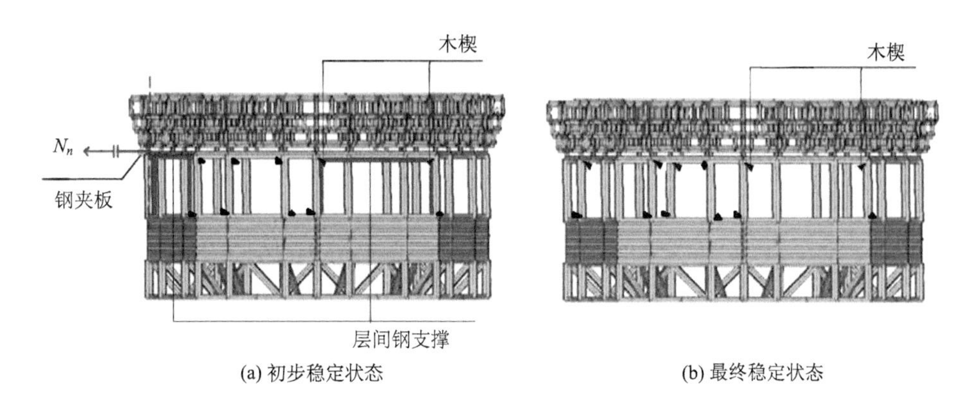

(a) 初步稳定状态　　(b) 最终稳定状态

图 4.7　楼层稳定状态示意图

6. 损伤木构件的修缮

木塔复位工作完成后，可将安装在木构架上的钢夹板和张拉钢索全部卸除，对木构架的损伤节点和构件进行修缮加固。修缮加固时可利用层间钢支撑作为安全支架，以确保木构架在修缮过程中的安全。木构件全部修缮完成后，将层间钢支撑从木塔中拆除。

7. 楼层复位施工的顺序

木塔的扭转与倾斜变形主要发生在第二、三层，向上各层的变形相对较小。实施本方案时，可根据国家规定的修复标准，重点对第二、三层分别或同时进行复位施工。若需对全部楼层都进行复位时，为减少张拉复位装置和层间钢支撑体系的总套数，提高设备利用率，宜按自上而下的顺序逐层施工。

8. 瓦顶的拆卸与复原

对木塔进行张拉复位时，为减轻塔体重量，降低结构的抗复位摩阻力，提高张拉效率，可在复位施工之前将塔顶和各层外檐的瓦顶卸除，并做好塔体木构架的防雨、防晒保护。待塔体复位、加固之后，再将瓦顶铺设复原。

4.2 复位工艺的设计与施工

4.2.1 设计任务与技术要求

为有效实施外部水平张拉复位工艺，需完成以下主要设计任务并达到建议的技术要求。

1. 塔体检测和构件加固设计

（1）检测、核定各楼层的中心偏移值，以及柱子的倾斜值。

（2）检测构件的损伤部位及损伤程度，拟定受损构件的修缮加固要求。对损坏较严重的构件，特别是损坏的木柱柱顶与斗栱的结合部位，宜在张拉复位之前进行加固，以保证施工中的安全。

（3）对施加张拉力的木柱，特别是倾斜量较大的木柱，进行柱头加固和保护设计，验算木材的局部受压、受剪承载力，确定钢夹板的合理尺寸，采用碳纤维布对柱头加载部位缠绕加固，以确保构件的施工安全。

（4）木柱的柱脚叉立在地栿上，且大多已松脱；为了防止木柱柱脚在张拉过程中受损和滑动，需要对柱脚与地栿的结合部位进行加固，并采用柱脚钢板箍进行临时固定（图 4.3）。钢板箍的细部构造设计应满足既能约束柱脚滑动又不限制柱脚转动的要求。

2. 复位加载及监测方案设计

（1）拟定各楼层的目标恢复值 Δ 和严重倾斜柱头的复位控制值，计算楼层张拉复位力，确定张拉装置的数量和布置方式。

（2）根据目标恢复值 Δ 和所需的张拉复位力，设计分级复位制度，确定每级的复位控制值和相应的持荷时间。

根据一般古建筑木构架纠偏工程经验，分级复位时，每级复位控制值可取目标恢复值 Δ 的 1/5～1/3，每级保持复位力 2～3 天。考虑到应县木塔的重要性及构架损伤状况，本方案建议每级复位控制值不超过 $\Delta/5$，每级保持复位力一个星期，以尽量降低木构架的施工应力，提高复位过程的稳定性。

木构架卸除复位力后，通常会产生弹性回倾。本方案建议加载至目标恢复值 Δ 后，继续施加 $\Delta/10$ 的超目标复位值，以抵消部分弹性回倾量。

（3）利用现有的木塔监测控制网和外部柱头位移监测点，并在木塔内部增设测量装置，制定柱头复位测量方案，以准确地测定柱圈和构架的复位值。

（4）根据复位方案，编制各级复位制度下倾斜柱头的复位状况核对表，与施工过程木柱位移测量记录相配套，用于分级复位状况的记录与检验，以及对张拉复位装置的操作控制。

（5）根据楼层整体稳定性要求，确定木构架张拉复位后采用木楔紧固的节点和部位；按照传统工艺方法和构架节点实际构造，确定木楔的形状和尺寸，提出紧固要求。

3. 安全预备方案设计

（1）分析复位力施加、卸除过程中塔体结构和构件的受力状态，进行结构安全性验算。

（2）对施加复位力的楼层、节点区以及层间临时钢支撑体系作用部位进行重点分析，查找施工过程中可能出现的各种安全问题，提出预防问题、解决问题的程序和措施。

4. 施工支架加固设计

（1）根据张拉复位装置数量、布置方式及张拉复位力的要求，对施工支架和复位工作平台进行结构加固设计，要求整体结构牢固，便于复位施工。

（2）复位工作平台的细部设计，其空间尺寸应满足技术人员张拉操作和测量观测要求，并满足长期施工的防雨、防晒要求。

5. 层间钢支撑设计

（1）层间钢支撑采用型钢制作（图 4.3），下部安装螺旋式高度调节装置，其强度和刚度应保证能对复位楼层在施工过程中进行有效支承，且便于安装和进行升降操作。

（2）在层间钢支撑的顶部与楼盖木梁栿底部之间设置表面光滑的柔性垫层，以避免阻碍楼盖在张拉复位施工时的水平运动。柔性垫层的厚度根据楼层张拉复位施工中的允许竖向变形值确定，当施工过程中楼盖下沉量超过允许竖向变形值时，层间钢支撑能及时发挥支承保护作用。

（3）层间钢支撑的构造设计，还应兼顾楼层复位后木构架节点紧固和损伤构件修缮的操作要求。

（4）为避免层间钢支撑在支承楼盖时压损楼板，宜在钢支撑底部铺设硬木垫板。

4.2.2 施工程序与控制要求

合理的施工程序是达到修缮工程预期效果的保证，外部水平张拉复位的施工程序与控制要求如下。

1. 复位施工前的准备工作

（1）架设施工支架，安装复位工作平台，根据设计要求进行支架结构加固，并检查其整体稳定性能和操作适应性能。

（2）按照木构件加固设计要求，对复位楼层构件损坏较严重的部位进行加固，对施加张拉力的木柱柱头缠绕碳纤维布、安装钢夹板，对需要进行防滑动加固的木柱柱脚采用钢板箍临时固定。

（3）按照预定位置安装层间钢支撑和螺旋式高度调节装置，校准并调整钢支撑高度，使其顶部柔性垫层与楼盖木梁栿底部保持轻度贴合状态。

（4）安装并调试张拉复位装置和测量控制系统，检测张拉复位力与测量仪表的准确性。

（5）正式张拉复位前，可对木塔预加一个不超过目标恢复值 $\Delta/10$ 的张拉力，以检验施工支架、复位工作平台、张拉复位装置和层间钢支撑的整体协同工作性能。

2. 木塔张拉复位的操作与控制

（1）按复位方案分级施加张拉力。张拉力应缓慢施加，注意边加载、边观察楼层和构件的变形情况，特别要注意观察受损构件和节点的变形趋势。若发现异常情况，应及时按照安全预备方案采取相应措施。

（2）楼层每级复位达到预定的控制值后，保持张拉力一个星期后再继续张拉；待楼层复位控制值达到目标恢复值 Δ 后，再施加超目标复位值 $\Delta/10$，并保持张拉力稳定；然后，运用花篮螺栓紧固件微调张拉钢索，将每根木柱恢复到原有竖直状态；全部木柱复位后，采用木楔对木构架的松弛节点和部位进行稳固定位。

（3）完成木构架稳固定位并保持张拉力两个星期后，分三次逐步卸除张拉力，每次间隔时间为三天。注意边卸载、边观察，发现情况应及时按照安全预备方案采取相应措施。

（4）张拉力卸除后，测量楼层及木柱的最终变形值并检验回倾量。若楼层的最终变形值与目标恢复值的差值不超过±5%，或木柱的最终变形值不超过柱高的1%，可认为达到总体复位要求。

3. 损伤木构件的修缮与要求

（1）待木塔复位施工完成并符合要求后，进行损伤木构件的修缮和加固。修缮时应充分发挥层间钢支撑的作用，做好修缮加固过程中的安全保护。

（2）按照现行古建筑木结构修缮加固规范的规定，采用合适的工艺方法修复木构件，应尽可能不更换构件，不对节点区域进行大范围拆修，以避免对木塔结构产生新的扰动，并尽量保护木塔原状、保存历史信息。

4. 张拉复位装置的拆除与后期观测

（1）待楼层复位并完全稳定后，拆除张拉复位装置以及张拉柱头、柱脚的加固部件。

（2）待楼层受损构件修缮工作完成后，拆除层间钢支撑。

（3）待木塔瓦顶铺设以及外部装修完工后，拆除施工支架。

（4）利用木塔监测基准控制网和位移监测点，结合木塔现有的变形观测，进行复位与加固效果的长期跟踪观测。

4.3 复位工艺的力学性能模拟分析

为了检验木塔外部水平张拉复位工艺的力学性能，课题组依据应县木塔的实测图和现场勘查资料，采用 ANSYS 分析软件构建了有限元模型，按照设定的分层张拉复位和整体张拉复位方案，进行了水平张拉力作用下木塔复位效应的模拟分析。

4.3.1 木塔有限元模型的构建

1. 模型构建要点

应县木塔构件众多、构造复杂，运用 ANSYS 构建木塔有限元模型时，为了减少模型的单元类型和总数量，以利于张拉复位效应的模拟分析，在保证木塔整体刚度和总质量基本不变的前提下，紧扣结构体系的构造特征和受力性能，对构件的单元类型以及结合方式进行了简化处理。模型的构建要点如下。

（1）木塔塔身按分层叠加的方式构建，由五层楼层、四层平坐和塔顶组成。其中，每一楼层为明层斗栱层与明层柱圈的组合，每一平坐层为暗层斗栱层与暗层柱圈的组合。

（2）柱子、梁栿、斗栱等木构件简化为杆件结构，由三维 BEAM 单元构成。明层斗栱按其所在柱头位置和出跳情况，根据拟静力模型试验确定其抗侧移刚度，用等效空间牛腿模型代替；暗层斗栱根据木枋铺设方式，视为井干结构，用木圈梁代替。

（3）对于木构件的榫卯节点，考虑到木塔近千年的重压固结，杆件之间采用刚接的方式进行简化处理。

（4）屋檐、塔顶以及楼板的质量用附加质量的方法表达，由 MASS 单元构成，并均匀地分配到各层的内、外槽柱顶处。

（5）对于底层包裹木柱的土墼墙，为了简化模型的单元类型，按照等刚度换算原则，采用柱间木支撑代替，由三维 BEAM 单元构成。

（6）木塔塔身之下为砖石垒砌的台基，其整体性好、刚度大，且木塔底层土墼墙与台基牢固结合，对塔身有很好的约束作用。因此，假定塔身底部与基础之间为刚性连接。

2. 模型材料特性

木塔中的木材为华北落叶松和榆木，有限元模型中的木构件采用各向异性的材料模型。参照专著《古建筑保护与研究》中提供的实测数据和有关资料，取老化后木材的顺纹受压弹性模量为 7×10^{9} N/m^{2}，横纹受压弹性模量为 1.5×10^{9} N/m^{2}，剪切模量取 $G_{XY}=G_{YZ}=G_{ZX}=9.54\times10^{8}$N/m^{2}，泊松比取 $\mu_{XY}=\mu_{YZ}=\mu_{ZX}=0.1$，密度取 dens=510.2 kg/m^{3}。

按照上述方法构建的木塔有限元模型如图 4.8 所示。

（a）立面图

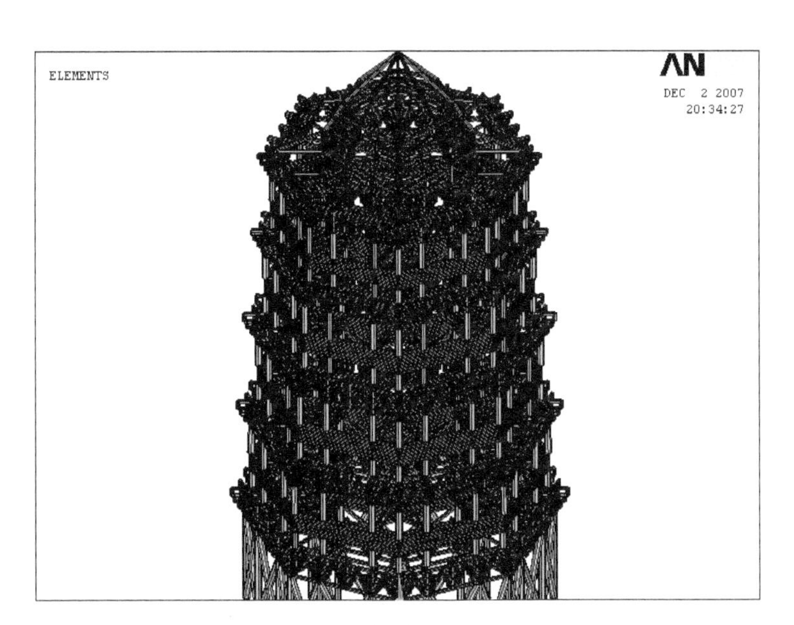

（b）轴测图

图 4.8 应县木塔有限元模型

3. 模型性能验证

为了检验所建模型的适用性，对模型进行了结构质量计算和模态分析，并与实测数据做了对比。

1）质量计算

对于所构建的木塔有限元模型，选取第三层计算了质量。算得木构件的质量为186t，附加质量由屋檐、三层楼板以及考虑因斗栱构造简化而补偿的质量等组成，为286t，三层总的质量为472t。对比专著《古建筑保护与研究》中提供的计算数据，第三层木构件含屋檐、楼板共326t，瓦顶164t，总质量为490t，两者基本接近。

2）模态分析

采用子空间法对木塔有限元模型进行了模态分析，得到了木塔前四阶频率（表4.1）和弯曲振型（图4.9）。

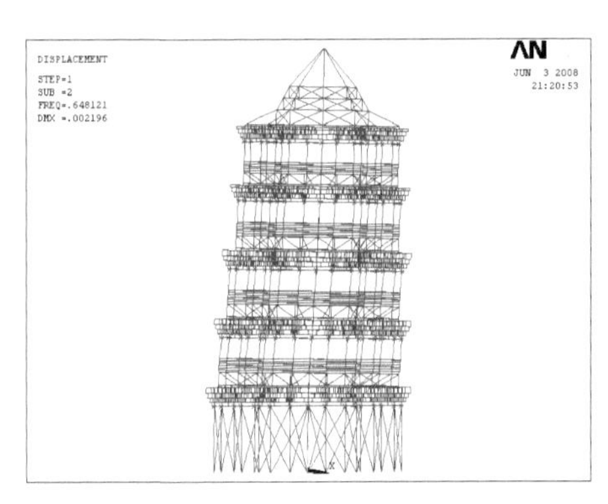

（a）第一阶弯曲振型

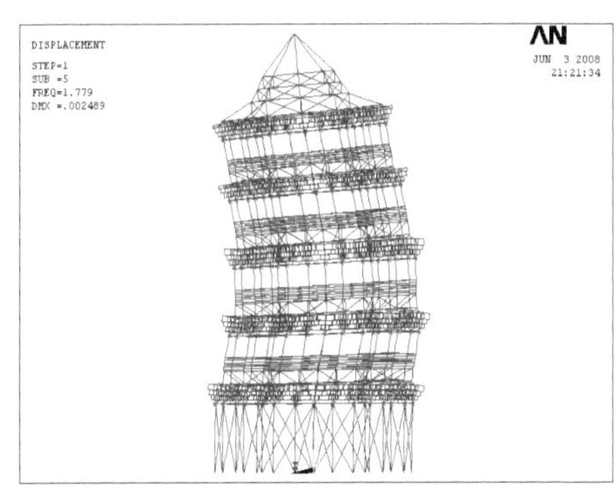

（b）第二阶弯曲振型

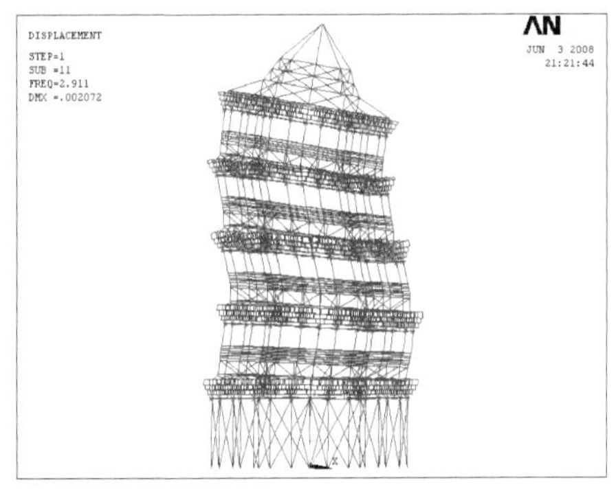

（c）第三阶弯曲振型

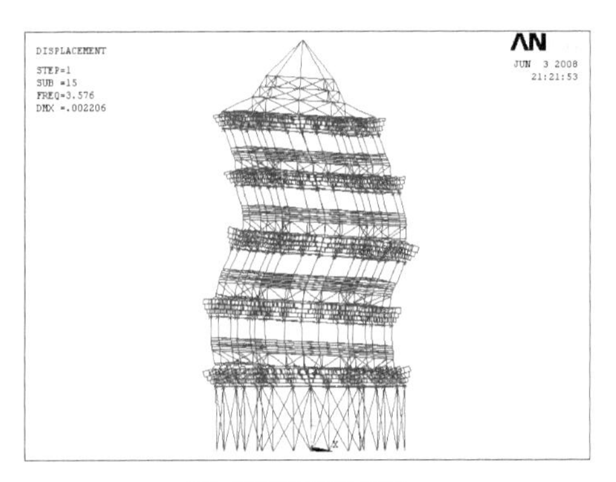

（d）第四阶弯曲振型

图4.9 木塔弯曲振型图

太原理工大学李铁英、魏剑伟等对应县木塔进行了实体结构的动态特性试验与分析，表 4.1 列出了实测各振型频率，图 4.10 为实测的弯曲振型图。对比可知，有限元模型分析值与木塔实测值较为一致。

表 4.1 木塔各振型频率的实测值与分析值 （单位：Hz）

各振型频率	第一频率	第二频率	第三频率	第四频率
实测值	0.64	1.76	3.08	3.96
分析值	0.65	1.78	2.91	3.58

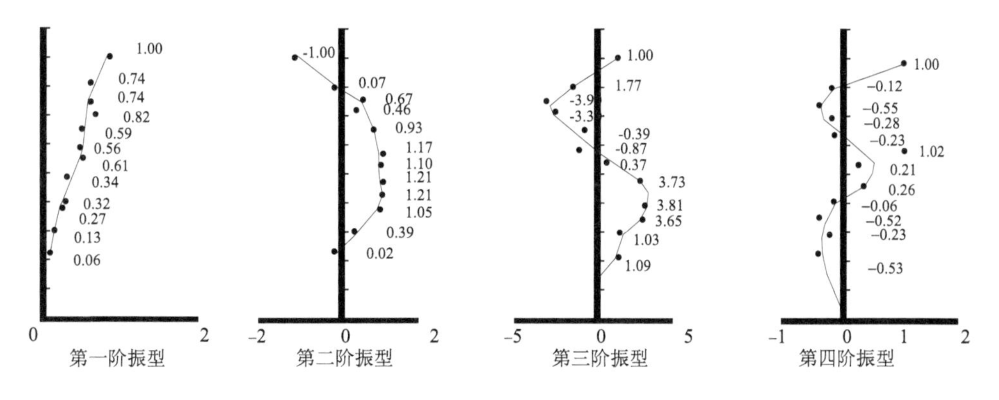

图 4.10 应县木塔实测弯曲振型图

上述对比分析表明，所构建的有限元模型对木塔刚度和质量的处理方法基本合理，可用于木塔的张拉复位效应分析。

4.3.2 木塔外部水平张拉复位效应分析

由第 1 章可知，木塔结构整体变形特征是各层中心偏移，偏移的方向以北偏东为主；各层明层沿木塔高度的中心偏移值分别为：二层 126.79mm，三层 56.09mm，四层 12.86mm，五层 69.05mm。为了考察木塔外部水平张拉复位方法的力学效应，以各层中心偏移值为控制值，进行有限元模拟分析。

对各层均有位移的木塔实施外部水平张拉复位，可采用两种方案：

（1）按自上而下的复位顺序分层张拉，这种方案仅需在复位楼层布置张拉复位装置和层间钢支撑体系，但施工周期较长。

（2）按各层同时复位进行整体张拉，这种方案施工周期较短，但需在每一楼层布置张拉复位装置和层间钢支撑体系。

本章有限元分析的重点为两种复位方案下需要施加的水平张拉力和在柱子中产生的最大应力，并与规范允许的木材设计强度值进行比较。

1. 分层张拉效应分析

按照各层仅考虑本层从倾斜状态恢复到竖直状态施加水平张拉力，并检验各层中柱子的应力状态。因第二层变形最大，以此进行张拉效应比较。图 4.11 为第二层张拉复位的力系布置、塔体变形状况和第二层柱的应力分布。

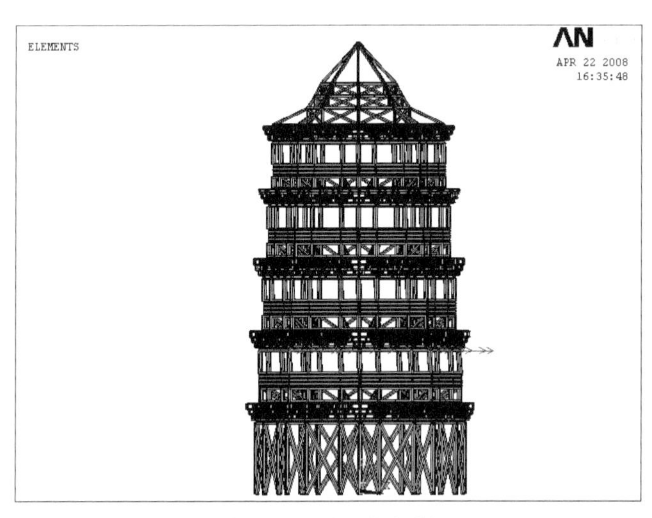

（a）第二层张拉复位的力系布置

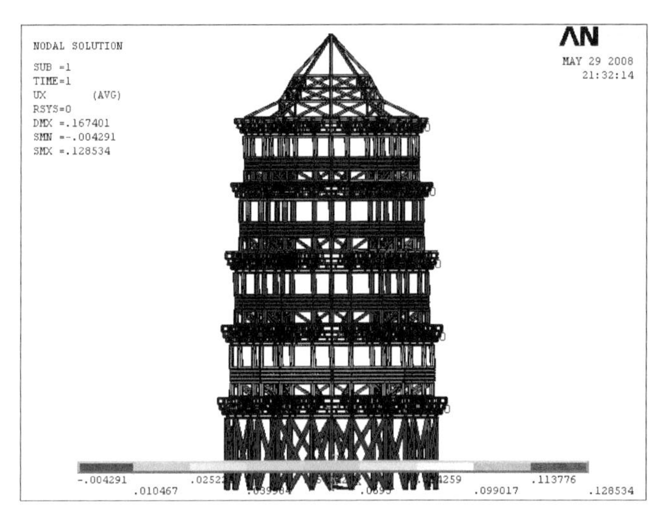

（b）第二层张拉复位时塔体的变形状况

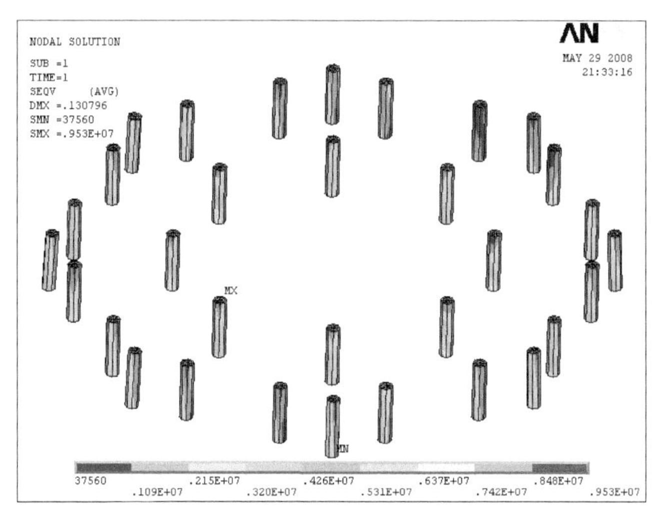

（c）第二层张拉复位时第二层柱的应力分布

图 4.11　第二层张拉复位的模拟分析

经模拟分析，得到分层张拉复位时各层所需的水平拉力见表 4.2，各层中柱子的最大应力见表 4.3。

表 4.2　分层张拉复位各层所需的水平拉力　（单位：kN）

张拉层	五层	四层	三层	二层
所用的水平拉力	480	160	1280	2560

表 4.3　分层张拉复位各层柱的最大应力　（单位：10^7Pa）

层数	第五层	第四层	第三层	第二层	第一层（底层）
张拉第五层	0.185	0.328	0.464	0.586	0.382
张拉第四层	0.136	0.263	0.443	0.684	0.359
张拉第三层	0.134	0.246	0.473	0.656	0.361
张拉第二层	0.135	0.245	0.471	0.953	0.390

由表 4.2 可知，分层张拉时各层复位所需的拉力，与本层的中心偏移值直接相关，也与本层之上的竖向荷重有关。因此，第二层复位时所需的拉力最大，为 2560 kN。

由表 4.3 可知，分层张拉时，在第二层柱子中产生的应力也最大，为 0.953×10^7Pa。由于底层采用柱间交叉支撑代替土墼墙参与受力，柱子中产生的应力相对较小。

2. 整体张拉效应分析

按照各层同时从倾斜状态恢复到竖直状态所施加的水平张拉力，检验各层中柱子的应力状态，并与第二层柱的应力进行比较。图 4.12 为整体张拉复位的力系布置、塔体变形状况和第二层柱的应力分布。

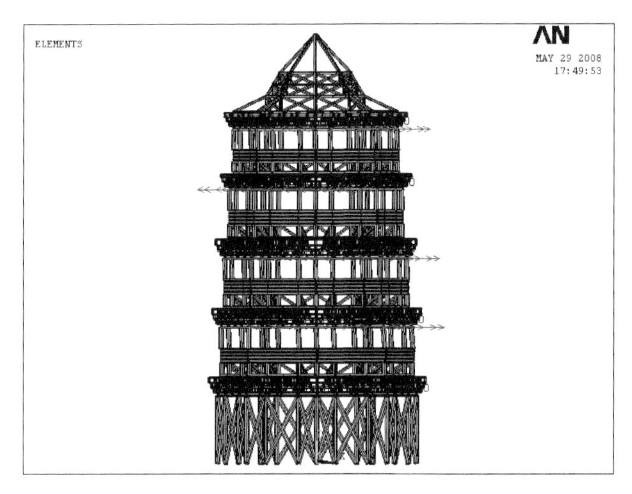

(a) 整体张拉复位的力系布置

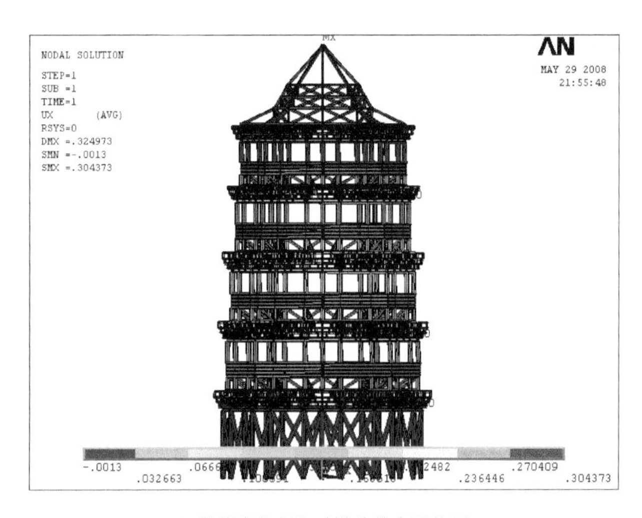

(b) 整体张拉复位时塔体的变形状况

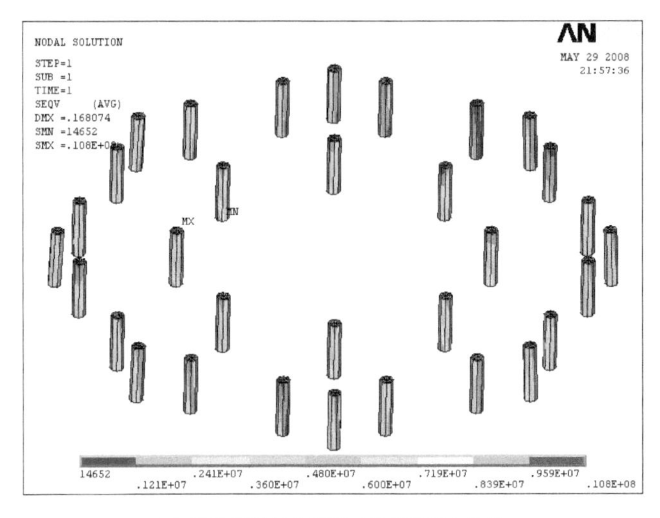

（c）整体张拉复位时第二层柱的应力分布

图 4.12　整体张拉复位的模拟分析

经模拟分析，得到整体张拉复位时各层所需的水平拉力见表 4.4，各层中柱子的最大应力见表 4.5。由表 4.4、表 4.5 可知，整体张拉时在第二层施加的拉力最大，为 1920 kN，在该层中柱子产生的应力也最大，为 1.080×10^7Pa。

表 4.4　整体张拉复位各层所需的水平拉力　　（单位：kN）

张拉层	五层	四层	三层	二层
所用的水平拉力	480	192	960	1920

表 4.5　整体张拉复位各层柱的最大应力　　（单位：10^7Pa）

层数	第五层	第四层	第三层	第二层	第一层（底层）
最大应力	0.187	0.289	0.658	1.080	0.437

3. 张拉复位效应评价

比较表 4.2 与表 4.4 中数据可知，对于倾斜量最大的第二层，整体张拉时施加在该层的复位力要小于分层张拉时的复位力，其比值为 1920∶2560，即 0.75∶1。显然，整体张拉复位时，第二层施加的张拉力相对较小，该层的张拉装置可相应减小。但是，整体张拉复位需要在各层同时安装外部张拉装置和内部安全支撑，总体的设备耗材及费用将显著增加。由于上部楼层的扭转和倾斜量均较小，可以将木塔的张拉复位重点放在第二层和第三层，且宜采用分层张拉的方法，先张拉复位第三层，再张拉复位第二层。

此外，比较表 4.3 与表 4.5 中数据可知，两种张拉复位方案下最大应力的柱子均位于第二层，分层张拉时产生的最大应力为 0.953×10^7Pa，而整体张拉时产生的最大应力为 1.080×10^7Pa，即整体张拉在柱中产生的应力较大，两者之比为 1.13∶1。这主要是因为整体张拉时在各层同时施加复位力，产生较大的复位力矩并导致下层的柱子偏心受压加剧。因此，宜优先采用分层张拉复位方法，可降低复位施工对木构件的损伤。

参照当时标准《木结构设计规范》（GB 50005—2003）并考虑木塔残损状况，对木材的设计强度值乘以 0.8 降低系数，则华北落叶松的顺纹抗压强度取 1.20×10^7Pa。因此，两种张拉复位方案均满足构件承载力的要求。

需要说明的是，上述有限元模拟分析是按照一次张拉复位的方式执行的，属于最不利状态；若按照复位工艺方案提供的分级张拉复位的方式分析，各级复位所需的张拉力将明显减少，在柱中产生的应力也将相应降低。

4.4 复位工艺的评价与优化

4.4.1 工艺特征的评价

外部水平张拉复位方法，是借鉴《应县木塔勘查座谈纪要》中“不落架支撑加固”的思路，针对高层建筑拨正和加固的技术难点，提出的一种外部水平张拉复位与内部竖向支承保护相结合的“原状拨正加固”方法。

从力学原理和复位施工方面来看，外部水平张拉复位工艺具有如下优势：

（1）倾斜楼阁式木构架的复位通常采用斜向张拉的传统方法，其斜向张拉钢索自地面连接至倾斜构架，在楼层中的布置较为困难，钢索对木构架连接部位产生的局部应力较大；楼层复位时，斜向张拉力的水平分量不易准确控制，且竖向分量会对构架产生不利的压力。

本方法提供的水平张拉复位工艺，采用平行的张拉钢索与柱头连接，布置较为简便；楼层复位时，通过张拉控制器将斜向张拉力转换为水平张拉力并进行准确控制，可提高楼层复位效率，减轻对木构架的施工应力。

（2）本方法利用木塔修缮的外部施工支架作为复位工作平台，采用操作简便的张拉装置施加复位力。在立面上，可根据各楼层复位的需要，在施工支架相应高度处设置复位工作平台；在平面上，工作平台与塔体之间的距离不受张拉钢索长度的限制，便于布置和调整。

（3）本方法采用可调整高度的层间钢支撑作为内部保护装置，提高了木塔复位施工的安全度，并可为修缮已损坏的楼层木构件提供支撑力。

通过对外部水平张拉复位工艺的有限元模拟分析，验证了该工艺具有较好的力学性能且简便可行。分析表明，采用合理的张拉方案，可使木塔变形楼层有效复位，且木构件的应力能满足结构安全度要求。

外部水平张拉复位方法以文物保护“原状拨正”和结构加固“安全简便”为目标，提出了复位工艺的技术方案和设计任务以及相应的施工程序和技术要求，有益于指导实际工程的方案编制，或为同类方案的制定提供有效的参考。

4.4.2 工艺优化的思考

鉴于外部水平张拉复位方法属于社会提案，其工艺方案尚处于研制的初步阶段，与工程实施方案存在较大差距，需要在现有的基础上进行进一步研究和优化，以提升该方法的理论和应用价值。

1. 施工支架的设计

（1）本方法研制的施工支架，为了避免支架自重作用在木塔台阶上，沿着底层台阶的外侧布置成方形（图 4.1、图 4.4 和图 4.5）；施工支架与木塔变形较大的西南侧、东北侧塔身的距离较大，不利于施工操作。为此，可在木塔台阶承载力容许的情况下，在适当采取加强处理后，将施工支架架设在底层台阶上，沿着上层台阶外侧布置成八角形，既节省施工支架材料，又利于复位施工操作。

（2）由于施工支架兼具垂直运输和张拉复位的双重功能，为避免施工中相互干扰，应尽可能将升降操作室与复位工作平台分开布置，并优先考虑张拉复位的实施。由于木塔变形主要发生在西南—东北方向，宜将复位工作平台设置在施工支架的西南、东北区域，再根据张拉复位需要，在相邻区域增设复位工作平台。若施工中垂直运输对张拉复位的影响很小，且两者工作时间可以错开，为提高工作效率，也可将升降操作室靠近复位工作平台布置，其升降装置可兼顾复位施工人员上下交通。

（3）施工支架高度较大，对木塔施加的水平张拉力也较大，且复位过程中有较长的保持荷载阶段，对支架的整体刚度和稳定性有很高的要求，需进行专门的加固设计和结构验算。对施工支架进行加固设计时，应在保证支架自身钢结构安全可靠的前提下，适当提高复位工作平台的抗变形刚度；并以复位工作平台为重点区域，沿支架周边设置高强钢索制作的缆风绳，提高支架的整体稳定性。

（4）木塔修缮工程工期较长，张拉复位装置一直处于运行之中，需要对复位工作平台做好防雨、防晒设计，以保证张拉装置和测量仪表在施工全过程中正常稳定地工作。

2. 张拉装置的布置

张拉装置的数量和布置与复位效果密切相关，对施工操作和构件保护有较大的影响。通常情况下，为了使楼层在复位过程中整体均匀移动，并降低张拉复位力对加载柱头的局部压力，可尽量将复位力作用在大多数柱头上。但采用这样的方案，将增加张拉装置的数量和加载平台布置的难度，且张拉钢索穿越门窗的数量也将增加。

若将张拉装置主要布置在倾斜较大的西南—东北方向的柱头上，则可降低上述不利因素的影响。采用这样的方案时，钢索的总数量减少，但柱头承受的拉力相应增大，需要更加注意对加载柱头的局部受力保护，以及对柱头之上斗栱和梁枋节点的整体加固处理。

对于张拉钢索穿越门窗较多的木塔二层西南面，宜将该部位门窗在复位施工前拆除，待复位施工完成后再安装，以方便张拉钢索的布置，避免对门窗的损坏。

3. 分级复位制度设计

木塔的复位施工需注意木构件和节点的安全，尽可能降低施工应力，并减少构架在复位后的弹性回倾量。参照专著《打牮拨正——木构架古建筑纠偏工艺的传承与发展》给出的经验数据，并考虑到木塔构架变形时间长久、材质老化严重，本方法提出的分级复位制度，要求每级复位控制值不超过目标恢复值 Δ 的 1/5，且保持张拉力一个星期后再继续张拉，以降低木构架的施工应力，并提高复位稳定性；楼层复位达到目标恢复值 Δ 后，再继续张拉增加 $\Delta/10$ 的超目标复位值，且保持张拉力两个星期后再逐步卸载，以抵消楼层复位后的弹性回倾量。

需要注意的是，本方法采用的目标恢复值 $\varDelta$，是以楼层的中心偏移值为控制目标提出的。其中，第二层的中心偏移值最大，为 126.79mm（见表 1.1），按每级复位控制值不超过目标恢复值 $\varDelta$ 的 1/5，即不大于 26mm，在纠偏工程中属于较小的复位值。但是，各楼层中的柱子的倾斜量相差较大，其中，第二层外槽 23 号柱的倾斜值最大，北、东向倾斜值分别为 350mm、365mm（见表 1.2），总倾斜值为 504.69mm；若按 5 级复位计算，则每级复位控制值达到 101mm，数值相对较大，将产生较大的施工应力。因此，需要将这些复位控制值较大的柱子作为重点，在复位前对柱头、柱脚节点进行细致的保护设计和加固，并在复位过程中进行细致的观察，以保证绝对安全。

扬州大学古建筑保护课题组开展的木塔楼层柱圈复位缩尺模型试验（参见第 5 章）证明：①每级复位值越小，所需施加的复位力越小，对构件的损伤也小；②保持复位荷载时间越长，柱圈的回倾量越小，稳定性越好。但分级复位划分得过细，将延长总体复位工期，增加施工维护费用，需要通过经济效益分析确定合理的级数。此外，每级复位后的荷载保持，对加载装置的控制有较高的要求，对结构变形的实时观测也需制定相应的方案。

4. 层间钢支撑布置

层间钢支撑是复位施工过程中的安全保障，布置在复位楼层中的数量越多，对整体结构的支承作用越大，但设备费用相应增加，对下部楼层的压力也相应增大。

为了有效地发挥层间钢支撑的作用，需要对木塔在复位过程中的变形状况进行细致的有限元模拟分析，并充分考虑变形较大的部位和损伤严重的节点可能出现的不利状况以及对整个楼层的影响，从而确定必须设置的数量。

根据木塔结构基本上均匀对称的特点，可在复位楼层柱圈八个角区的内、外槽之间各设置一榀层间钢支撑，形成均匀分布的支承保护体系。此外，宜在柱圈变形较大的西南部位增设两榀层间钢支撑，作为复位过程中的安全储备。

第 5 章

应县木塔内部顶撑-张拉复位方法

5.1　内部顶撑-张拉复位工艺

5.1.1　复位工艺技术特征

采用外部水平张拉复位方法对应县木塔进行纠偏，具有复位路径明晰、操作工艺简便的优点；但是该方法需要架设大型施工支架并安装复位工作平台，费用较高。此外，为了使外部张拉钢索与木塔内部构架连接，需要穿插部分门窗，钢索的布置受到一定限制。

为了改善外部水平张拉复位方法的不利因素，扬州大学古建筑保护课题组研制了木塔内部复位工艺，开发了配套的顶撑-张拉复位装置，并获得国家发明专利授权。

木塔内部顶撑-张拉复位工艺的技术特征为：

（1）在复位楼层的倾斜木构架之间设置顶撑-张拉装置（图 5.1），运用顶撑-张拉装置施加复位力系（图 5.2），使倾斜的构架恢复到竖直位置；然后，采用木楔紧固构架的松弛节点和部位，使构架保持稳定状态。

（2）在复位楼层的主要承重部位设置施工安全支撑（图 5.3），用于楼层复位过程中的安全保护以及楼层复位后的损伤木构件修复。

（3）在楼层有效复位并经历稳定观测期后，拆除顶撑-张拉复位装置；待损伤木构件修复后，拆除施工安全支撑。

（4）顶撑-张拉复位装置由花篮螺栓拉索、千斤顶撑杆和节点套箍组成，如图5.1所示。双股花篮螺栓拉索安装在柱间的两侧，单支千斤顶撑杆安装在柱间轴线上，两者十字交叉、互不干扰；花篮螺栓拉索用于张拉向外倾斜的木柱，千斤顶撑杆用于顶撑向内倾斜的木柱，节点套箍用于花篮螺栓拉索、千斤顶撑杆与木柱的连接，防止木柱节点受力部位损坏。

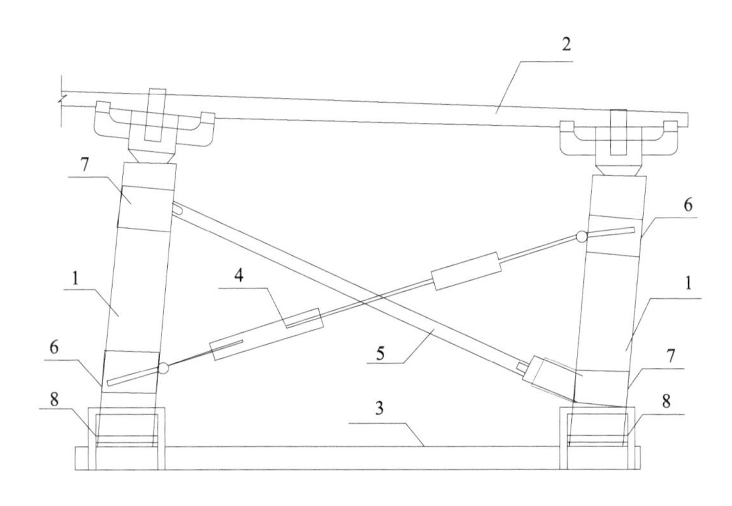

图 5.1　顶撑-张拉复位装置安装示意图

1.倾斜木柱；2.木梁枨；3.楼板；4.花篮螺栓拉索；5.千斤顶撑杆；6.花篮螺栓拉索连接套箍；7.千斤顶撑杆连接套箍；8.柱脚钢板箍

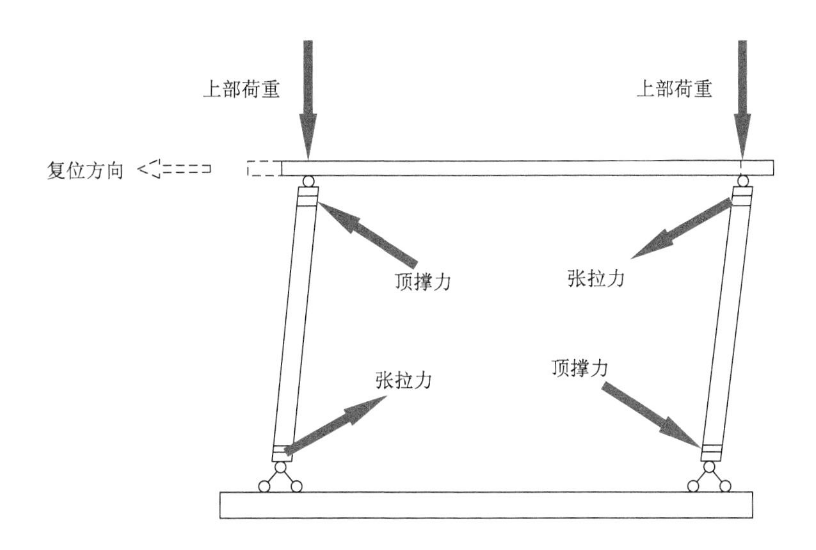

图 5.2　顶撑-张拉复位力系示意图

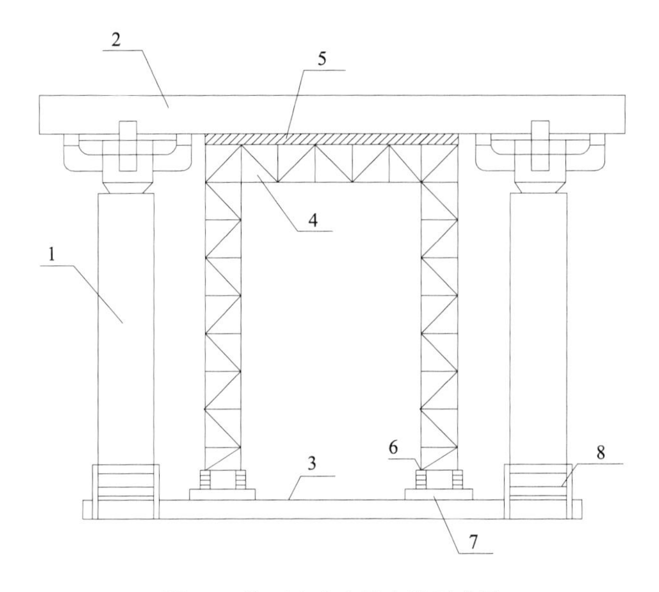

图 5.3　施工安全支撑安装示意图

1.木柱；2.木梁栿；3.楼板；4.钢支架；5.柔性垫层；6.螺旋式高度调节装置；7.硬木垫板；8.柱脚钢板箍

（5）施工安全支撑由钢支架和螺旋式高度调节装置组成，如图 5.3 所示。在钢支架顶部与楼盖木梁栿底部之间设置表面光滑的柔性垫层，以避免阻碍楼盖的复位水平运动；当复位过程中楼盖下沉量超过允许竖向变形值时，施工安全支撑能及时发挥支承保护作用。

5.1.2　复位工艺技术方案

内部顶撑-张拉复位方法可用于应县木塔明层各层的纠偏，现以变形严重的第二层明层为例，介绍复位工艺的技术方案。

1. 复位装置的布置

对于侧向变形最大的第二层明层，根据柱圈由西南向东北倾斜的特征，选择倾斜量最大的几榀构架作为控制部位，将顶撑-张拉复位装置布设在该部位的内、外槽两柱的轴线之间，如图 5.4 中所示 A、B、C、D 四组复位装置。

顶撑-张拉复位装置的方位，尽可能与楼层主体倾斜方位一致。当布设多套复位装置时，可通过力学分析确定总体布置的合理方位。

2. 施工安全支撑的布置

施工安全支撑尽可能沿楼层平面均匀布置，安装在角柱部位的构架之间（图 5.4）。对于角柱间已布置顶撑-张拉复位装置的构架，宜在其两侧安装施工安全支撑。

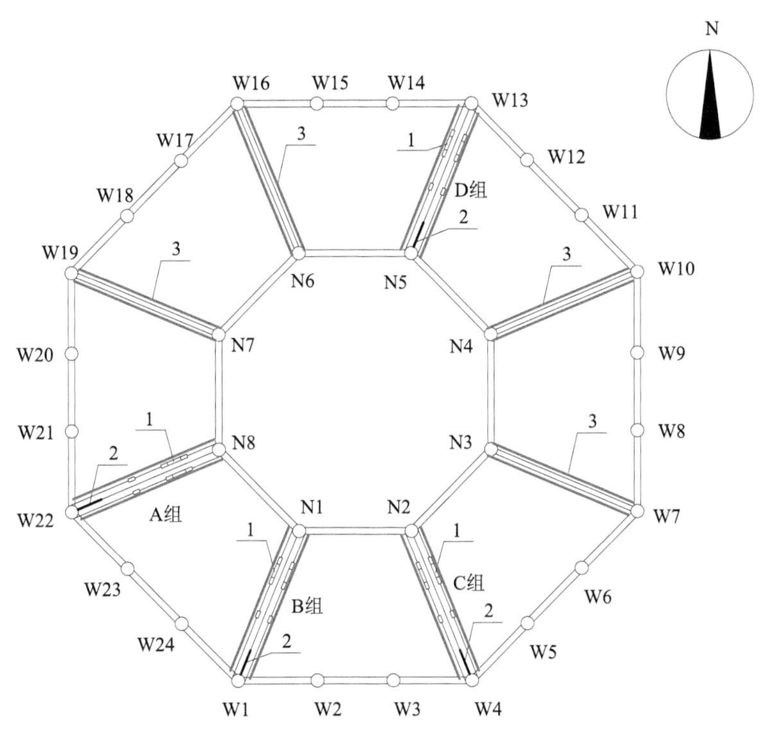

图 5.4　复位装置及安全支撑布置示意图

1.花篮螺栓拉索；2.千斤顶撑杆；3.施工安全支撑

3. 下部结构层的施工加固

对复位楼层的下部结构层，即明层下面的平坐，采用加固支撑进行施工加固（图 5.5），为复位装置提供可靠的固定支承。

此外，木构架的复位施工以柱脚为固定点，通过顶撑-张拉复位装置使倾斜的柱头复位。对于柱脚与地栿的非固定连接的情况，应采用钢板箍对柱脚进行临时固定（图 5.1、图 5.5）。

4. 倾斜木构架分级复位

倾斜木构架的复位施工采用分级复位方法，以降低每级施加的复位力，并减少木构件的施工应力增量。

设倾斜木构架的目标恢复值为 Δ，运用复位装置分级施加复位力使构架逐步复位，每级复位的控制值不超过 $\Delta/5$，且保持复位力稳定一个星期，再继续加载。构架复位达到目标恢复值 Δ 后，宜继续增加一个 $\Delta/10$ 的超目标复位值，以抵消复位力卸除后木构架的回倾量。

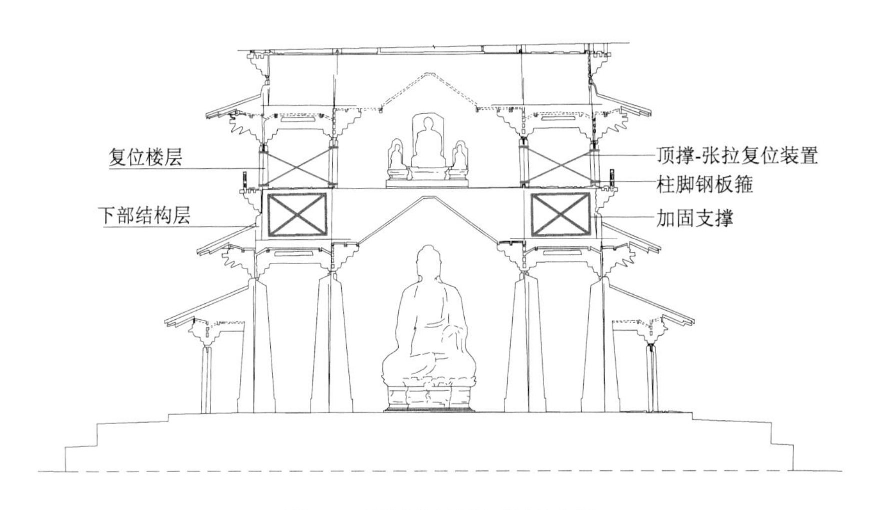

图 5.5　下部结构层加固示意图

当木构架复位达到预定值后，采用木楔对构架的松弛节点和部位进行稳固定位，并保持复位力两个星期。

5. 复位装置的拆除

木构架复位稳定后，在安全观测和监控的条件下，逐步放松复位装置的复位力。复位力的放松可分三次完成，每次间隔三天。复位力放松后需观察木构架的回倾量，待构架复位状况完全稳定后，方可将复位装置拆除。

6. 损伤木构件的修缮

全部倾斜木构架复位施工完成后，对木构架的节点区和损伤构件进行修缮加固。修缮加固时可利用施工安全支撑作为安全支架，以确保木构架在修缮过程中的安全。木构件修缮全部完成后，将施工安全支撑从木塔中拆除。

7. 瓦顶的拆卸与复原

对木塔进行顶撑-张拉复位时，为减轻塔体重量、降低结构的抗复位摩阻力，宜在复位施工之前，将塔顶和各层外檐的瓦顶卸除，并做好塔体木构架的防雨、防晒保护。待塔体复位、加固之后，再将瓦顶铺设复原。瓦顶的拆卸与重铺，可利用木塔外围搭设的垂直运输脚手架进行作业。

5.2 复位工艺的设计与施工

5.2.1 设计任务与技术要求

1. 塔体检测及结构、构件加固设计

（1）检测、核定复位楼层各木构架的倾斜值，以及柱头的变形值。

（2）检测构件的损伤部位及损伤程度，拟定受损构件的修缮加固要求。对损坏较严重的构件，特别是损坏的木柱柱顶与斗栱的结合部位，宜在复位之前进行加固，以保证施工中的安全。

（3）对施加顶撑-张拉复位力的上下柱端进行保护性设计，验算木材的局部受压承载力，确定纤维材料包缠加固的范围和做法。

（4）木柱的柱脚叉立在地栿上，且大多已松脱。为了防止木柱柱脚在复位过程中受损和滑动，需要对柱脚与地栿的结合部位进行加固，并采用钢板箍临时固定。钢板箍的细部构造设计应满足既能约束柱脚滑动又不限制柱脚转动的要求。

（5）根据顶撑-张拉复位装置的布置和平坐的空间位置，合理确定下部结构层加固支撑的形状、构件尺寸及连接构造。加固支撑可采用规格木材或型钢制作，并用螺栓连接，以便楼层复位施工完成后全部拆卸。

2. 复位制度及监测方案设计

（1）以楼层主要倾斜区域为控制部位，设定倾斜木构架的目标恢复值 Δ，确定复位装置的数量和布置方式；考虑复位力直接作用的构架在复位时对相邻构架的牵连作用，合理确定楼层各构架的复位控制值。设计分级复位制度时，要求每级复位控制值不超过 Δ/5，对于严重变形的木构架，第一、二级复位控制值可分别取 Δ/10、Δ/8，且均不超过 50mm。

（2）利用现有的木塔监测控制网和外部柱头位移监测点，并在木塔内部增设测量装置，制定柱头复位测量方案，以准确地测定柱圈和构架的复位值。

（3）根据复位方案，编制各级复位制度下木构架的复位状况核对表，与施工过程木构架位移测量记录相配套，用于构架分级复位状况的记录与检验，以及对复位装置的操作控制。

（4）确定楼层木构架复位后采用木楔紧固的节点和部位，以及木楔的材料和尺寸。木楔的紧固应采用传统工艺方法，避免对紧固部位和节点造成新的损伤，并能使木构架在卸除复位装置后处于竖直稳定状态。

3. 安全预备方案设计

（1）分析复位力施加、卸除过程中柱圈和构架的受力状态，进行施工安全支撑全支承和未支承两种状况的结构安全性验算。

（2）对施加复位力的区域以及施工安全支撑作用部位进行重点分析，查找施工过程中可能出现的各种安全问题，提出预防问题、解决问题的程序和措施。

4. 顶撑-张拉复位装置设计

（1）顶撑-张拉复位装置由千斤顶撑杆、花篮螺栓拉索和节点套箍等组成，可参照发明专利《楼阁式木构架建筑的变形复位加固方法》（ZL 201410089213.6）的图样，并根据木塔复位楼层的空间尺寸进行设计。要求构造简单、尺寸可调、装卸方便，可在复位楼层中任意相邻两柱之间设置；并要求操作简便、易于控制，不会对木柱造成施工损伤。

（2）为准确控制复位作用力，应分别在千斤顶撑杆和花篮螺栓拉索中安装测量仪表，并采用手动方式操作和控制装置的运行。

（3）节点套箍应设计成直径可调的形式，以箍紧不同直径的木柱；套箍内可粘贴纤维垫层，以增强对木柱接触部位的保护；套箍与千斤顶撑杆、花篮螺栓拉索的连接，应设计成铰接方式，以保证复位装置与木柱在复位过程中的协调变形。

5. 施工安全支撑设计

（1）施工安全支撑应有较好的刚度和稳定性，能在构架复位过程中竖向下沉超过限制值时发挥支承作用，为施工过程提供安全保证。

（2）施工安全支撑可设计成装配式桁架结构，其下端设置螺旋式高度调节装置，便于安装和拆卸；施工安全支撑与楼盖木梁栿底部之间设置的柔性垫层，要求摩擦系数小，以免阻碍楼层复位的水平运动，且要求厚度薄，在安全支撑发挥作用时产生较小的压缩变形。

（3）对于在顶撑-张拉复位装置两侧同时安装施工安全支撑的情况，两个安全支撑可综合设计，以减少构件截面尺寸，但应保证两者可靠地连接并达到刚度和稳定性要求。

（4）施工安全支撑的构造设计，尚应兼顾楼层复位后木构架节点紧固和损伤构件修缮的操作要求。

5.2.2 施工程序与控制要求

1. 木塔结构和构件的加固

（1）按照下部结构层加固方案，在平坐中安装加固支撑，加固支撑的预制构件宜采用手工机械装配，要求连接牢固。加固支撑宜与平坐中木构件合理搭接，以增加整体刚度，但应避免对木构件产生损伤。

（2）按照木构件加固设计要求，对复位楼层构件损坏较严重的部位，采用缠绕碳纤维布、钢夹板螺栓等常规措施加固，以保证施工中的安全。

（3）对顶撑-张拉复位装置连接的柱端，用碳纤维布均匀包裹，并用胶带固定，便于工程结束后拆除。

（4）对顶撑-张拉复位装置连接的柱脚，用钢板箍与地栿临时性固定，以保证复位力的有效施加。

2. 复位装置、安全支撑的安装

（1）按照复位方案，安装顶撑-张拉复位装置，检验装置的位置与操作性能。千斤顶撑杆轴线应与柱间轴线对中，花篮螺栓拉索贴近柱间两侧安装并保持平行，测量仪表量测方向与复位装置作用力方向一致。

（2）按照复位方案，安装施工安全支撑，安全支撑中线与柱间轴线一致，顶部柔性垫层与其上木梁栿的底面保持贴合状态，但不影响柱架的复位移动。为避免钢支撑架在支顶木构架时反力增大而压坏楼板，宜在其下端与楼板间铺设硬木垫板。

3. 复位力施加与变形观测

（1）按复位制度分级施加复位力，每级复位达到控制值后保持复位力一个星期；注意边施力、边观察木构架和构件的变形情况，特别要注意观察受损构件和节点的工作状态。若发现异常情况，应及时按照安全预备方案采取相应措施。

（2）木构架复位达到目标恢复值的110%时，保持复位装置的复位力，采用木楔对木构架的松弛节点和部位进行稳固定位。

（3）完成木构架定位并保持复位力稳定两个星期后，分三次卸去复位力，每次间隔三天，并记录构架回倾值。注意边卸载、边观察构架的整体稳定状况，若有异常应及时按照安全预备方案采取相应措施。

（4）复位力卸除后，测量并检验木构架的变形稳定性。若构架的最终变形值与目标恢复值的差值不超过±5%，或柱子的最终变形值小于柱高的 1%，可认为达到复位要求；否则，可再次施加复位力，进一步紧固木楔，直至达到复位要求。

4. 损伤木构件的修缮与要求

（1）待楼层复位施工完成并符合要求后，进行损伤木构件的修缮和加固。应充分发挥施工安全支撑的作用，做好修缮加固过程中的安全保护。

（2）按照现行古建筑木结构修缮加固规范的规定，采用合适的工艺方法修复木构件，应尽可能不更换构件，不对节点区域进行大范围拆修，以避免对木塔结构产生新的扰动，并尽量保护木塔原状、保存历史信息。

5. 复位装置、安全支撑的拆除与后期观测

（1）待楼层木构架复位并完全稳定后，拆除顶撑-张拉复位装置，以及复位力作用的柱头、柱脚的加固部件。

（2）待楼层受损构件修缮工作完成后，拆除楼层中的施工安全支撑，拆除平坐中的加固支撑。

（3）利用木塔监测基准控制网和位移监测点，结合木塔现有的变形观测，进行复位与加固效果的长期跟踪观测。

5.3 复位工艺的模型试验研究

为了检验内部顶撑-张拉复位工艺的可行性，课题组以应县木塔第二层的柱圈层为对象，进行了缩尺模型试验研究。根据《古建筑修建工程施工与质量验收规范》（JGJ 159—2008）对古建筑修缮的工艺要求，设计了柱圈层逐次循环复位、一次整体复位以及超目标复位的试验方案。通过模型试验，研究竖向荷载对柱圈层复位的影响、顶撑-张拉复位制度与柱圈层复位的规律，以及柱圈层复位后的回倾性能，为木塔纠偏加固修缮方案的选择提供相应的参考。

5.3.1 模型设计与制作

1. 模型设计

根据木塔第二层柱圈层的尺寸制作 1∶6 的缩尺试验模型，其几何相似性考虑模型和原型之间所有对应部分的线性尺寸成比例，即满足：

$$\frac{l_{\mathrm{m}}}{l_{\mathrm{p}}}=\frac{b_{\mathrm{m}}}{b_{\mathrm{p}}}=\frac{h_{\mathrm{m}}}{h_{\mathrm{p}}}=\frac{r_{\mathrm{m}}}{r_{\mathrm{p}}}=S_1=\frac{1}{6}$$

式中，S_1 为几何相似常数；l、b、h、r 分别为结构的长、宽、高、半径方向的线性尺寸，下标 m 表示模型、下标 p 表示原型。

由此确定模型的三维尺寸，以及圆形截面柱直径为 100mm（原型为 600mm）、柱高为 500mm（原型为 2780mm），梁截面尺寸为 28mm×42mm（原型尺寸为 170mm×255mm）。

模型采用杉木制作，按照标准试验方法，测得木材的物理力学指标为：含水率 12%、气干密度 0.45g/cm^3、顺纹抗压强度 35.5MPa、横纹抗压强度 3.0MPa、弹性模量 9600MPa，其材料性能总体上低于应县木塔采用的落叶松木。

制作好的柱圈层模型如图 5.6 所示。为了对模型施加竖向荷载，在柱圈顶部放置一个钢桁架，以保证各柱受力均匀，并兼具柱圈层之上铺作层的约束功能。

图 5.6 柱圈层模型

2. 模型上部配重设计

为了提高模型试验的效率，采用调整竖向荷载的方式，以考察荷载变化对柱圈复位性能的影响。根据孟繁兴和陈国莹专著《古建筑保护与研究》中对应县木塔自重的估算，对于第二层柱圈，其上三层木构件总重力为 8474kN；对于第三层柱圈，其上两层木构件总重力为 5214kN。

按照荷载相似要求，竖向荷载相似常数为 S_G=$S_ES_l^2$（式中，S_E 为抗压强度相似常数、S_l 为模型几何相似常数），原型的材料抗压强度为 47.56MPa，模型材料抗压强度为 35.5MPa，算得第二、三层模型上的相似竖向荷载分别为 181kN、111kN。模型试验时，分别采用 180kN 和 90kN 竖向荷载进行模型对比试验；为使竖向荷载均匀作用在模型上，并考虑上部塔层可自由移动，采用袋装黄沙作为配重材料（图 5.7）。

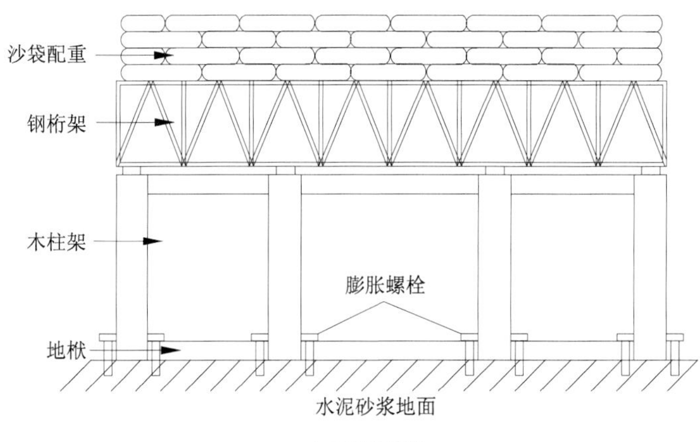

（a）配重设计

（b）配重加载

图 5.7　沙袋配重设计及加载

3. 模型的安装与倾斜处理

由于模型尺寸较大，故将试验放在室外场地进行。模型安装时，先将木地栿用膨胀螺栓固定在水泥砂浆地坪上，然后在木地栿上安装柱，在柱头上安装额枋和连系梁，全部木构件均采用榫卯连接的方式形成整体柱圈层。

模型安装就位后，按照缩尺比获得的柱圈层倾斜值，采用钢丝绳对拉的方式对每根木柱进行倾斜处理。待柱圈达到规定的倾斜值并保持稳定后，再去除钢丝绳。经倾斜处理后的试验模型与应县木塔第二层柱圈的倾斜状况基本一致。

4. 复位装置的布置与安装

根据木塔柱圈层的变形特征，选择侧移最大的木构架区域为控制部位，将顶撑-张拉复位装置分别布置在控制部位的相邻木柱轴线之间。

由于木塔第二层柱圈倾斜最严重的木构架分布在西南侧和南侧，并导致柱圈整体向东北方向倾斜，对该部位的木构架进行复位，将带动整个柱圈层的复位。因此，本试验在该区域布置 3 组顶撑-张拉复位装置（A、B、C 组）；考虑到整个楼层的面积较大，在东北方向也布置 1 组顶撑-张拉复位装置（D 组），如图 5.8 所示，图 5.9 为相应的顶撑-张拉复位力系。

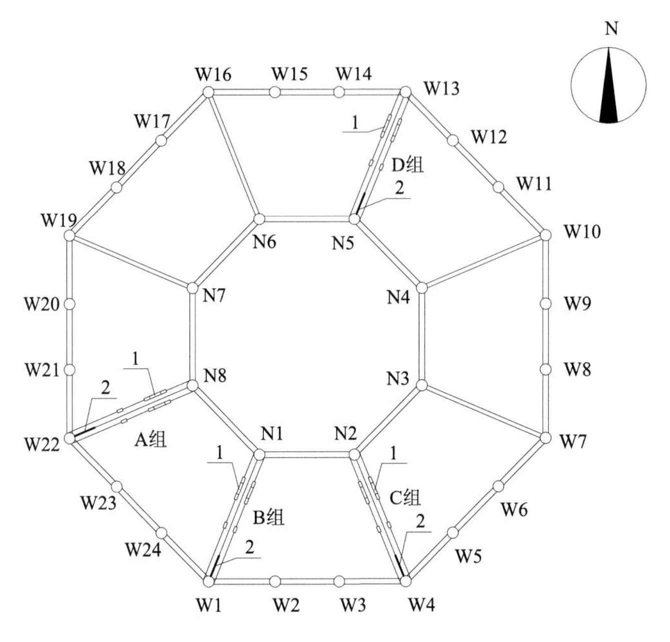

图 5.8　顶撑-张拉复位装置的布置

1.花篮螺栓拉索；2.千斤顶撑杆

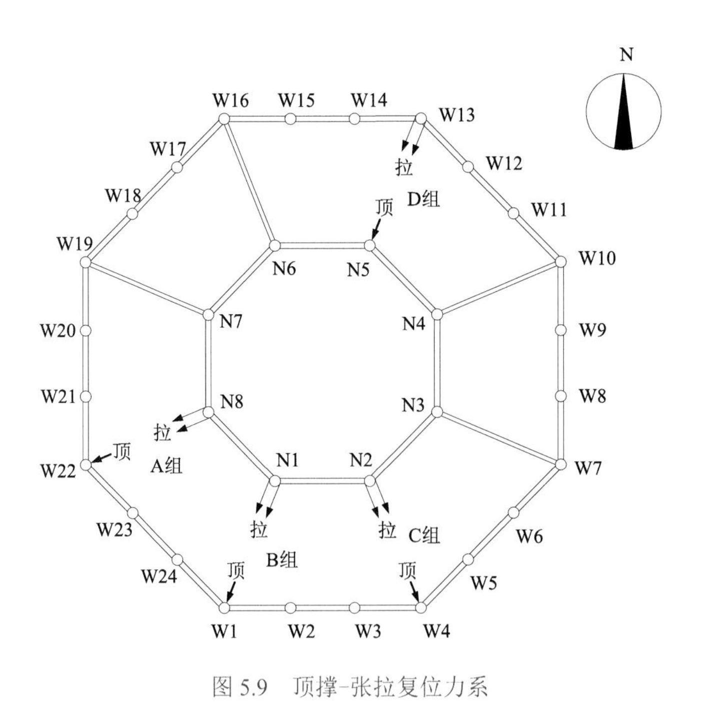

图 5.9　顶撑-张拉复位力系

各构架的构件号和柱顶倾斜值如下：

A 组：外 22（N45.0，E65.0）—内 8（N35.8，E60.0）

B 组：外 1（N37.5，E25.8）—内 1（N40.8，E37.5）

C 组：外 4（N23.3，E12.5）—内 2（N40.0，E23.3）

D 组：外 13（N9.0，E3.3） —内 5（N–1.7，E2.5）

括号内为模型柱顶倾斜值，单位 mm，E 为向东倾斜，N 为向北倾斜。

按照复位工艺要求，每组顶撑-张拉复位装置由 2 根花篮螺栓拉索和 1 个千斤顶撑杆组成。千斤顶撑杆沿柱间轴线布置，花篮螺栓拉索安装在柱间的两侧，安装好的装置见图 5.10。

（a）安装在柱间的复位装置

（b）复位装置测量仪表

图 5.10　顶撑-张拉复位装置安装

复位装置操作时，花篮螺栓拉索的拉力由其上连接的钢筋计测量，千斤顶撑杆的顶撑力由千斤顶压力表测定。

5. 柱圈复位测量装置

柱圈的复位状况通过柱头的水平位移值控制，整个柱圈的位移采用红外全站仪和激光水平仪测量。运用全站仪按照三点画圆法测绘整个柱网坐标，分为东西向、南北向两个分量；激光水平仪通过柱身垂直线来测量每次复位力施加后柱的倾斜值。

5.3.2 复位方案设计

以各组倾斜构架的柱顶最大水平侧移值为目标复位值，根据复位量的取值将复位施工分为逐次循环复位、一次整体复位和超目标复位三种方案。

1. 逐次循环复位方案

采用 3 次循环的方式对各组倾斜木构架施加复位作用力，每次复位量为该组构架目标复位值的 1/3，每次循环复位按 A、B、C、D 组的顺序进行，两次循环复位间隔 12h。

逐次循环复位用于考察木构架在一个复位周期内、变形基本稳定的条件下，复位力与柱圈复位效果的关系，以及复位力卸除后柱圈的回倾性能。

2. 一次整体复位方案

采用一次整体复位方式对各组倾斜木构架施加复位作用力，一次复位量取该组柱架目标复位值的 100%；复位操作同样按 A、B、C、D 组的顺序进行。

一次整体复位用于考察木构架在短时间、变形未充分稳定的条件下，复位力与柱圈复位效果的关系，以及复位力卸除后柱圈的回倾性能。

3. 超目标复位方案

考虑到倾斜木构架复位后的回倾性能，通过对本模型试验的有限元模拟分析，取 110%的目标复位值作为超目标复位值，以抵消木构架复位后的部分回倾量。同样按照 A、B、C、D 组的顺序，以一次整体复位的方式对木构架进行超目标值的复位。

超目标复位方案用于考察木构架复位后的回倾性能，并与逐次循环复位和一次整体复位的回倾值比较，论证超目标复位的必要性。

5.3.3 模型试验现象

1. 90kN 竖向荷载作用下复位试验

1）逐次循环复位

第 1 次循环，施加顶撑力时，A、B、C 组顶撑端柱头的单向最大复位量分别为 E20mm、N10mm、N10mm，并带动了另一侧张拉端产生复位位移；D 组顶撑柱头位移变化相对较困难，但带动张拉端柱头的复位位移较明显。施加张拉力时，A、B、C 组张拉端柱头单向最大复位量为 E17mm、N10mm、N8mm，施力过程相对容易，带动顶撑端柱头产生明显复位位移，整个复位过程对周边相邻构架的位移变化影响较明显，能使相邻构架产生 10mm 左右的牵连位移。

第 2 次循环，A、B、C 组柱头施加的顶撑力有所减小，柱头位移变化过程较第 1 次循环复位过程更缓慢，单向最大复位量分别为 E20mm、N8mm、N5mm，张拉端的位移牵连相对减小，张拉过程位移变化也相对缓慢，花篮螺栓的施力相对困难。

第 3 次循环，受牵连作用，在完成 A 组复位后，经测量 B 组顶撑端已经复位，故只进行张拉端复位；C 组南北方向也完全复位；D 组构架顶撑端已经复位，所以只进行外圈 13 号柱的张拉复位。整个复位过程中位移变化相对缓慢，柱头和梁枋发出“吱吱”挤压声，该过程对周边柱的牵连作用仍然明显。

2）一次整体复位

前期复位荷载施加相对容易，但接近目标复位值时，施力过程相对困难，在施加张拉力时尤甚；后期伴随着“吱吱”声响，柱头挤压产生变形，施加复位力的柱头复位明显，但对相邻柱头的牵连作用相对较小。

3）超目标复位

对 A、B、C、D 组进行超目标复位加载，各组的顶撑位移增量分别为 E5.5mm、N3.75mm、N2.33mm、N0.17mm，张拉位移增量分别为 E6mm、N4mm、N4mm、N0.9mm，顶撑过程容易完成，张拉过程伴随着梁柱榫头的挤压声，后期声响较大。

2. 180kN 竖向荷载作用下复位试验

1）逐次循环复位

第 1 次循环，施加顶撑力时，A、B、C 组柱头的单向最大复位位移为 E17mm、N12mm、N6mm，能够带动另一侧张拉端产生较小的复位位移；施加张拉力时，A、B、C 组柱头单向最大复位位移为 E14mm、N14mm、N7mm，张拉力的施加明显比 90kN 时困难，整个复位过程牵连位移较 90kN 时明显减小。

第 2 次循环，施加顶撑力时，A、B、C 组柱头顶撑力有所减小，单向最大复位位移为 E14mm、N6mm、N4mm，对张拉端的牵连作用也相对减小；张拉过程位移变化相对缓慢，花篮螺栓的施力较困难，柱头和梁枋的“吱吱”挤压声明显。

第 3 次循环，A、B、C 组张拉过程位移变化相对缓慢，花篮螺栓的施力变得更加困难，柱头和梁枋的“吱吱”挤压声加大，表明榫卯间摩擦作用增强，整个过程对周边柱的牵连位移较小。

2）一次整体复位

柱圈的复位比较缓慢，复位力施加过程较困难，尤其是张拉力。复位的中后期木构件发出“劈啪”开裂声，柱头出现裂缝，整个过程对相邻柱头的牵连位移很小。

3）超目标复位

对 A、B、C、D 组进行超目标加载，各组的顶撑位移增量分别为 E5.5mm、N3.75mm、N2.33mm、N0.17mm，张拉位移增量分别为 E6mm、N4mm、N4mm、N0.9mm。柱圈复位过程现象与一次整体复位基本相同，但复位过程中构件劈裂声响较大，部分柱身出现微裂缝。

5.3.4 模型试验结果

1. 复位力系变化规律

模型在复位过程中施加的顶撑-张拉复位力见表 5.1。

表 5.1　各工况施加的顶撑-张拉复位力　　（单位：kN）

竖向荷载	复位方式	A 组		B 组		C 组		D 组	
		顶撑力	张拉力	顶撑力	张拉力	顶撑力	张拉力	顶撑力	张拉力
90kN	第 1 次循环	5.50	5.84	3.49	5.04	3.80	5.02	2.24	3.43
	第 2 次循环	4.58	5.94	2.87	4.50	2.24	4.33	0.93	3.06
	第 3 次循环	4.11	4.67	0	1.36	1.93	3.03	0	1.25
	一次整体	9.78	11.87	4.44	8.25	5.23	8.16	2.68	5.60
180kN	第 1 次循环	7.43	8.23	5.35	5.95	5.04	5.90	2.56	3.15
	第 2 次循环	5.35	9.57	3.49	5.97	3.02	5.63	0.90	3.13
	第 3 次循环	4.73	7.60	2.12	3.77	2.24	4.05	0.47	2.57
	一次整体	11.81	15.67	7.89	13.00	7.58	11.20	3.21	5.80

从表 5.1 数据中可得到如下规律：

（1）竖向荷载越大，需要施加的复位力越大。因为竖向荷载大，对柱脚产生的偏心力矩大，在榫卯间产生的摩擦力也大。以一次整体复位各组的顶撑力与张拉力的总和进行比较，柱圈在 90kN 竖向荷载下所需复位力为 56kN，在 180kN 竖向荷载下所需的复位力为 76kN，后者约为前者的 1.36 倍。

（2）逐次循环复位试验中，每次复位所加的荷载呈减小趋势，这主要有两个方面原因：一是木构架的复位是相互牵连的，某一个柱头的复位会带动相邻柱头的复位，所以每次循环的复位值是在逐次减小；二是倾斜越大的柱，偏心距越大，所需的顶撑-张拉力越大；但随着柱的逐步复位，偏心距减小，施加的复位力相应减小。

（3）A、B、C 组的顶撑力要小于张拉力，因为 A、B、C 组顶撑端为外柱圈 22、4、1 号，这些柱子处于柱圈的外槽，受约束程度较小，且向外侧的顶撑复位是榫卯松弛的过程，需要的复位力较小；相反，张拉端 8、2、1 号柱处于柱圈内槽，受约束程度加大，向内侧的张拉复位是松脱榫卯的压紧过程，所需要的复位力较大。

2. 柱圈复位规律

柱圈在竖向荷载 90kN 和 180kN 作用下，逐次循环复位中各柱头的复位值见图 5.11，相应的变形状态平面图见图 5.12。

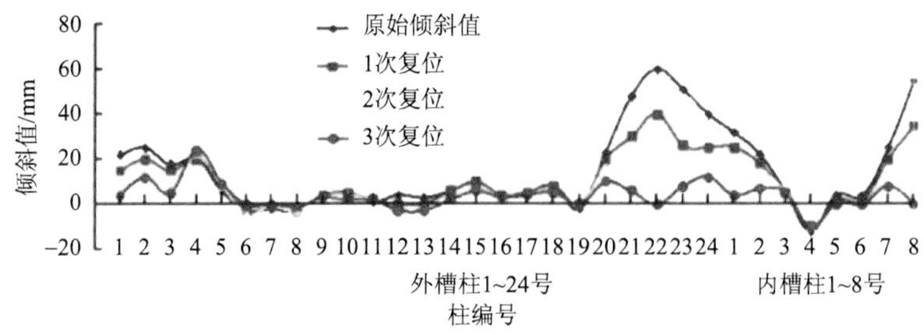

（a）90kN逐次循环复位（东西向）

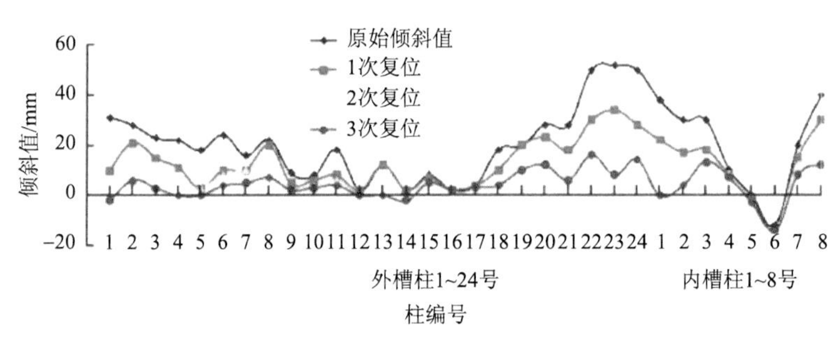

（b）90kN逐次循环复位（南北向）

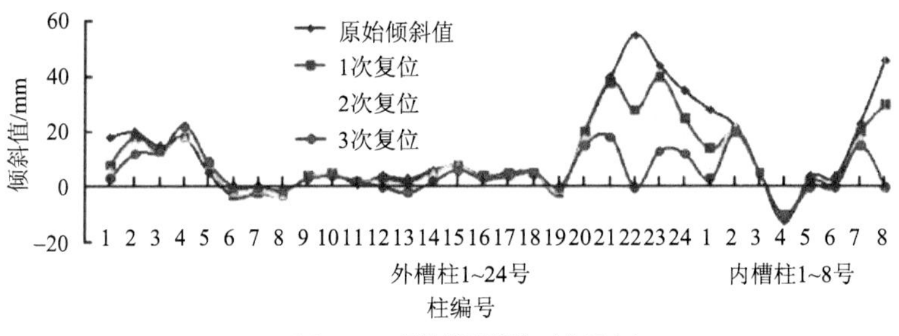

（c）180kN逐次循环复位（东西向）

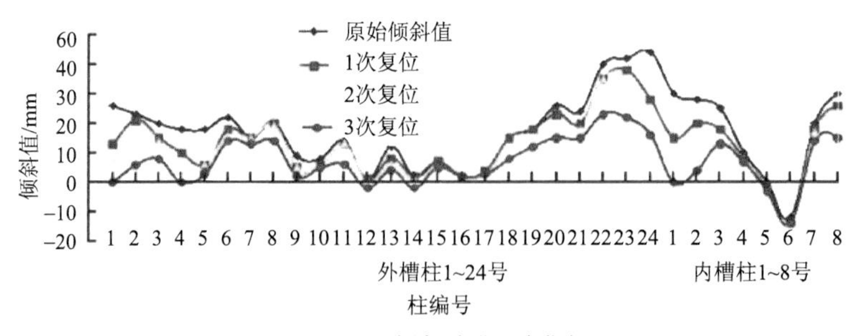

（d）180kN逐次循环复位（南北向）

图 5.11　不同竖向荷载下的柱圈复位值

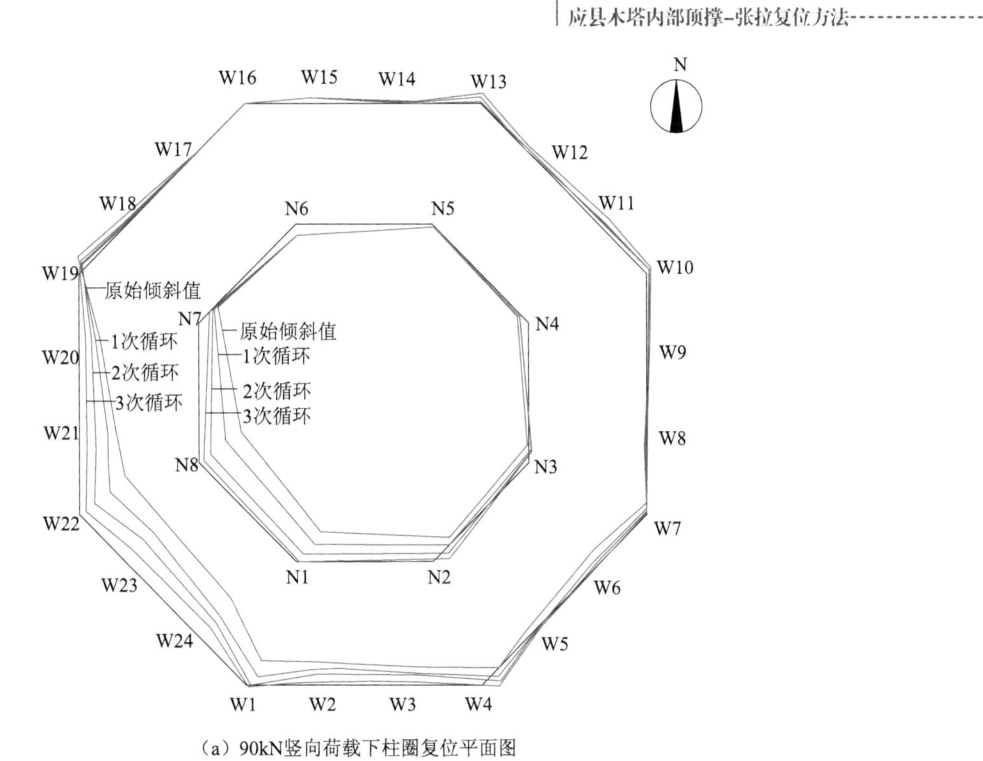

（a）90kN竖向荷载下柱圈复位平面图

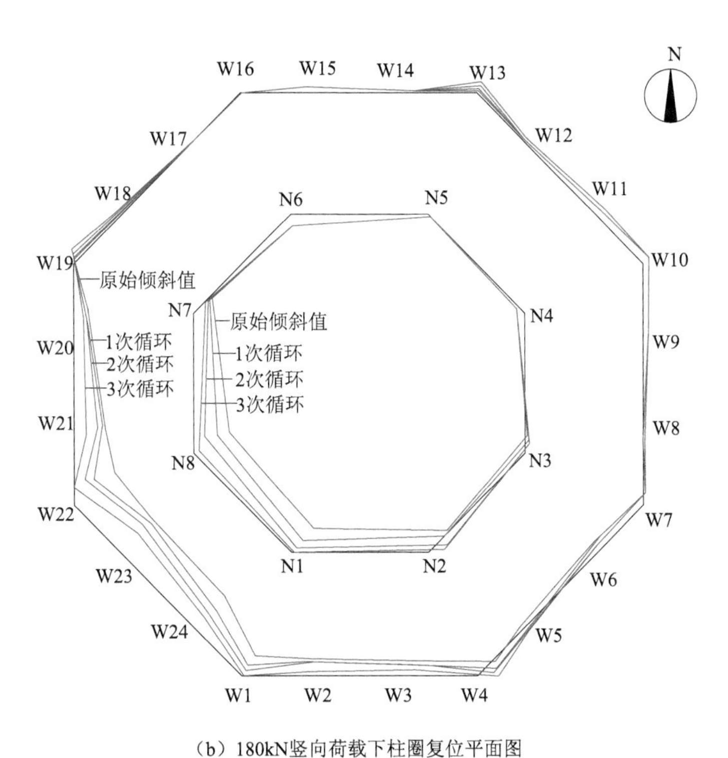

（b）180kN竖向荷载下柱圈复位平面图

图 5.12　不同竖向荷载下的柱圈复位平面图

从图 5.11、图 5.12 可以看出，在柱圈复位过程中，相邻构架之间存在明显的牵连位移，90kN 竖向荷载下的柱圈牵连位移要大于 180kN 竖向荷载下的牵连位移，而且越接近受力柱头，牵连位移越大，所以柱圈复位与上部竖向荷载有关，表现为上部荷载越小，牵连位移越大，复位效果越好。

图 5.13 给出了逐次复位与一次整体复位中各柱头的复位值。可以看出，逐次循环复位中的牵连复位位移要明显大于一次整体复位，表明逐次循环复位的效果较好。

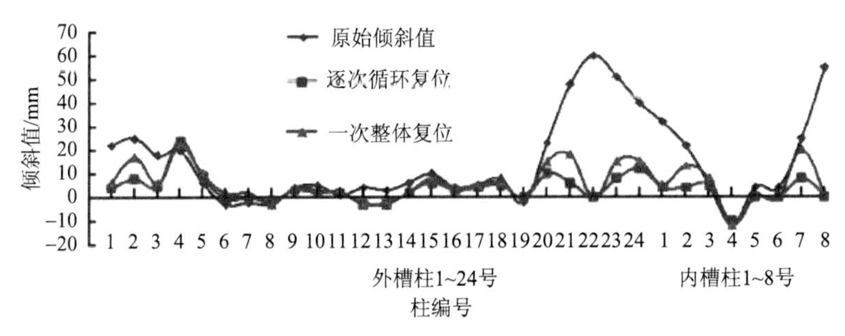

（a）90kN竖向荷载下东西向复位

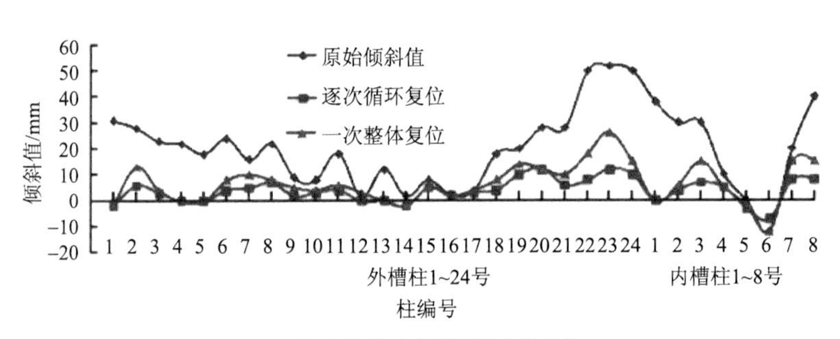

（b）90kN竖向荷载下南北向复位

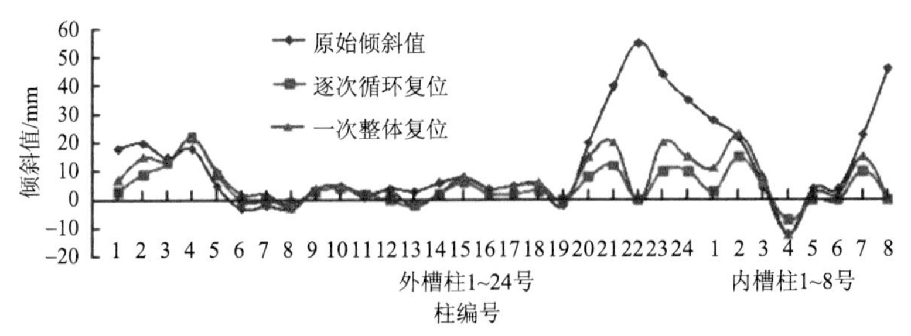

（c）180kN竖向荷载下东西向复位

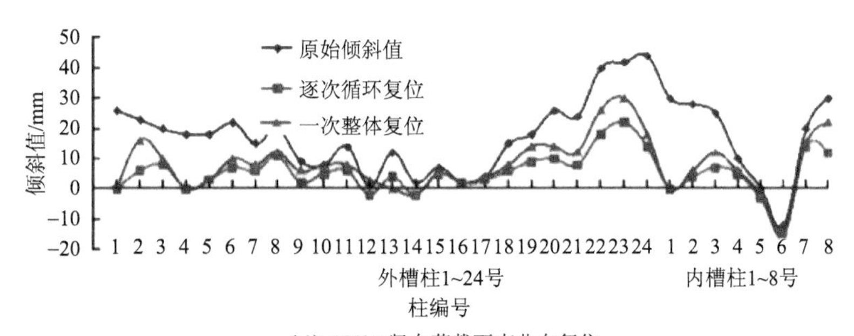

（d）180kN竖向荷载下南北向复位

图 5.13　不同复位方法下的柱圈复位值

3. 柱圈回倾规律

在各工况复位完成以后，保持荷载稳定不变，间隔 12h 以充分增加柱架的变形稳定性，然后有序拆去所有装置，再间隔 24h，使柱网充分回倾变形，测得柱圈 32 个柱的回倾值。

柱卸除复位力后的回倾性能采用回倾率 δ 来表示，δ 为柱头的回倾值与目标复位值之比。表 5.2 给出了两种竖向荷载下逐次循环复位和一次整体复位后柱圈的回倾率。

表 5.2　不同复位方法下柱圈的回倾率

竖向荷载	复位方式	回倾率 δ	平均回倾率 $\bar{\delta}$	
			东西向	南北向
90kN	逐次循环复位	0%～40%	21%	27%
	一次整体复位	0%～50%	23%	32%
180kN	逐次循环复位	0%～32%	15%	24%
	一次整体复位	0%～38%	20%	26%

从表 5.2 可以看出，柱圈在卸除复位力后产生了较明显的回倾，其东西向的平均回倾率约为 20%，南北向的平均回倾率约为 30%。在相同的竖向荷载作用下，顶撑-张拉复位过程越长，木构架的回倾率越小，顶撑-张拉复位过程越迅速，木构架回倾率越大；对于同样的复位方式，上部竖向荷载越小，木构架回倾率越大，上部竖向荷载越大，木构架回倾率越小。

4. 超目标复位效果

对柱圈实施超目标复位，其目的是抵消柱子的部分回倾量，获得较好的竖直状态。因此，将超目标复位与逐次循环复位和一次整体复位回倾后的复位值进行对比，见图 5.14。

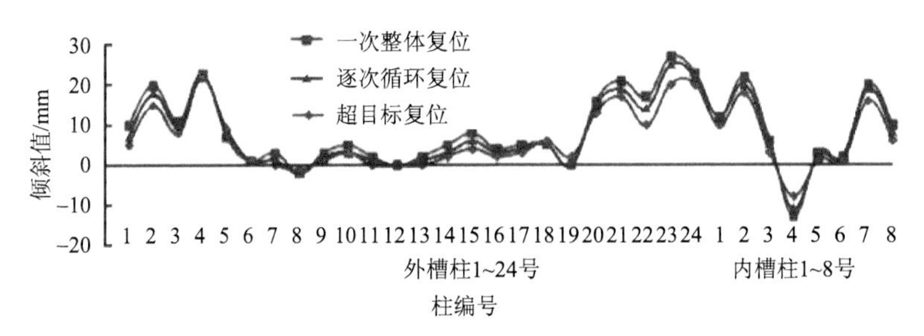

（a）90kN竖向荷载下东西向最终倾斜值

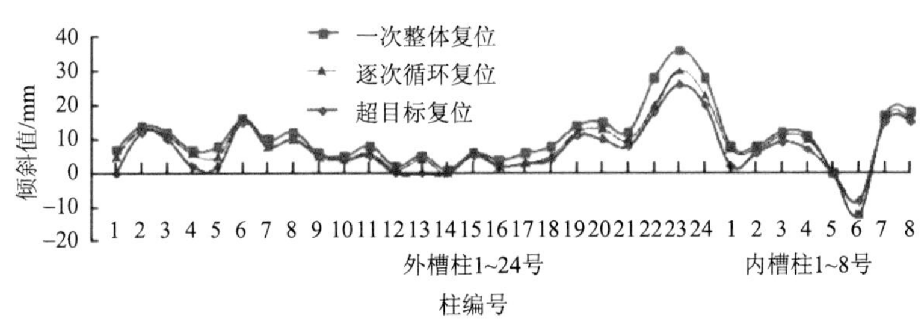

（b）90kN竖向荷载下南北向最终倾斜值

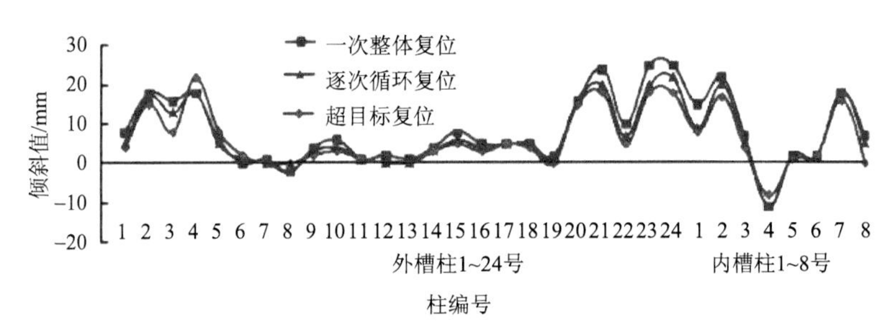

（c）180kN竖向荷载下东西向最终倾斜值

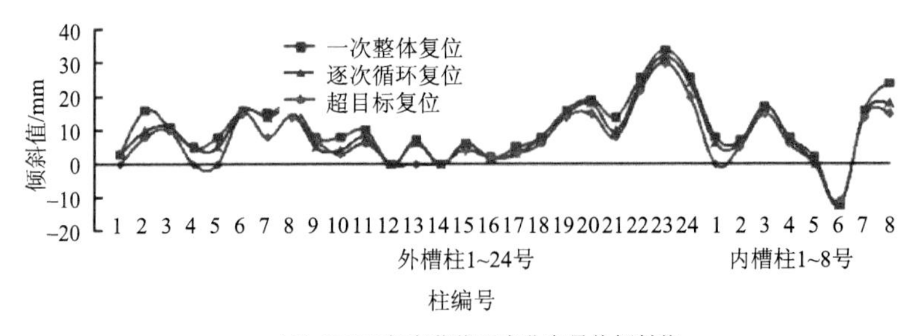

（d）180kN竖向荷载下南北向最终倾斜值

图 5.14　柱圈回倾后的倾斜值

从图 5.14 可以看出：相对于逐次循环复位和一次整体复位，超目标复位具有较好的复位效果，柱圈复位后的回倾量较小，但 10%的超目标值尚不足以抵消柱圈的回倾量。若继续增大超目标值，又将增加木构件的施工应力增量。因此，需要对超目标值进行优化选择。

5.3.5 试验结论与建议

通过内部顶撑-张拉复位方法的模型试验，初步验证了复位方法和装置的有效性，并获得了竖向荷载对柱圈复位的影响、复位加载制度与柱圈复位的变化规律，以及柱圈复位后的回倾性能。模型试验的结论及对木塔复位施工的建议如下：

（1）竖向荷载是影响柱圈复位的主要因素，竖向荷载越大，对柱脚产生的复位阻力矩越大，在榫卯节点间产生的复位摩阻力越大。在木塔复位施工中，应尽可能地卸除复位楼层之上的竖向荷载，降低复位阻力。

（2）在相同的竖向荷载下，相对于一次整体复位，逐次循环复位施加的单次复位力较小，对木构架的损伤程度较小。在木塔复位施工中，应采用分级复位制度，以降低施加在构件上的复位力，减少施工应力增量。

（3）柱圈中构架之间的牵连作用也是影响复位效果的因素。施加复位力的构架在复位时，对相邻构架的牵连作用较大；作用在柱圈上的竖向荷载小，构架之间的牵连位移较大。在制定木塔复位制度以及复位施工中，需考虑构架之间的牵连作用，对设定的复位控制值进行合理调整。

（4）木构架卸除复位力后，将产生弹性回倾。作用在柱圈上的竖向荷载大，回倾量较小；分级复位级数多且复位力保持时间长，回倾量较小。此外，采用超目标复位工艺可抵消部分回倾量，取得较好的复位效果。在木塔复位施工中，在工期许可的情况下，宜尽量延长复位后保持荷载的时间；当采用超目标复位工艺时，需选取适当的超目标值，避免木构件变形过大，造成新的损伤。

5.4 复位工艺的评价与优化

5.4.1 工艺特征的评价

与外部水平张拉复位方法相比，内部顶撑-张拉复位方法不需设置大型外部施工支架，节省了费用，且复位装置不需穿插木塔门窗，最大限度地保护了外观原貌，可更好地实现木塔“原状拨正加固”的目标。

内部顶撑-张拉复位方法采用的加载装置，具有双向施力和控制功能，可同时对变形木构架的两侧柱头实施顶撑-张拉复位，装置简单且效率高。但复位装置仅能布置在构架两柱之间，复位力系作用方向受柱间方位制约，不如外部张拉力系可根据需要灵活调整作用方向。

此外，顶撑-张拉复位时以柱底为作用点施加复位力，需要固定柱脚和复位楼层的下部结构，对木塔结构加固的要求相对较高。

通过木塔柱圈层的缩尺模型复位试验，验证了内部顶撑-张拉复位方法的有效性。试验获得的竖向荷载、复位制度等因素对柱圈复位影响的规律，可为木塔内部顶撑-张拉复位方法的优化和实际工程方案的编制提供有益的参考。

5.4.2 工艺优化的思考

鉴于内部顶撑-张拉复位方法属于社会提案，其工艺方案尚处于研制的初步阶段，与工程实施方案存在较大差距，需要在现有基础上进一步优化，以提升该方法的理论和应用价值。

1. 瓦顶的拆卸与复原

（1）根据孟繁兴和陈国莹专著《古建筑保护与研究》中对瓦顶重量的测算，二层及以上楼层瓦顶的总重量为192.6+164.6+152.8+283.4=793.4t，与作用在第二层柱圈之上的木结构总重量847.4t大致相当，是影响柱圈复位的重要因素之一。

（2）由缩尺模型试验可知，作用在柱圈上的竖向荷载越大，需要的复位力越大，且对构件的施工损伤也较大。因此，为了减轻柱圈上的竖向荷载、降低复位摩阻力，宜在木塔复位施工之前，将塔顶及各层外檐的瓦顶卸除，待塔体复位、加固之后，再将瓦顶铺设复原。

（3）为了卸除和重铺瓦顶，需要架设外部脚手架，将增加工程费用和工作量。但与外部水平张拉复位方法所用的大型施工支架相比，此脚手架仅用于垂直运输，不需架设复位工作平台，其结构和构造可以简化，费用可以降低。

（4）由缩尺模型试验得知，作用在柱圈上的竖向荷载越大，复位力卸除后柱圈的回倾量越小。因此，可将重铺瓦顶的时间放在柱圈全部复位后的保持荷载阶段，待瓦顶固结稳定后再卸除柱圈上的复位力，以增加压重、减少回倾。

2. 复位装置的优化

（1）复位装置的布置与复位效率和施工安全密切相关，复位装置布设得越多，则单个装置所需施加的作用力相对较小，对木构件产生的施工应力也越小，但机械效率降低，操作过程繁杂。因此，需要根据楼层中变形柱子的数量、损伤程度及装置工作效率统筹考虑。

（2）在多个柱间布设复位装置时，其复位力系的合力，不仅要考虑对倾斜方向的直接作用，还要考虑复位过程中木构架之间的牵连作用，需要通过计算机模拟分析，提供合理的布置方案。

（3）为了增加木构架的复位稳定性，要求在各级加载之后保持荷载一段时间。缩尺模型试验证明，对于顶撑–张拉复位装置，花篮螺栓拉索的持荷效果较好，千斤顶撑杆的持荷效果较差，需要厂家提供可靠的稳压油阀，提高千斤顶油泵的稳压功能。

（4）在应县木塔现场考察中发现，二层西南侧柱子的倾斜，不仅仅是柱头内倾，还伴随着柱脚外移。因此，对需要实施内收复位的柱脚，其柱脚钢板箍（参见图 5.1）内可留有复位空隙，待柱脚复位后再用木楔紧固。

3. 安全支撑的布置

（1）施工安全支撑应沿楼层平面均匀布置，并架设在内、外槽柱之间，为楼层的整体复位提供安全保障。对于八角形木塔平面，应在八个角区部位均设置施工安全支撑。

（2）对角区已经布设顶撑–张拉复位装置的柱间，可紧靠复位装置的两侧增设施工安全支撑。在这种情况下，两个安全支撑可平行于复位装置布置，也可垂直于复位装置布置，但安全支撑之间应采用钢桁架拉结以保证整体稳定性。此外，布置时应注意不影响复位装置操作，且两个安全支撑能共同均衡地发挥作用。

4. 复位制度的优化

（1）由缩尺模型试验结果可知，逐次（分级）循环复位具有每次施加复位力小、柱圈复位后回倾量小的特点，可作为木塔复位的优选加载制度。

与缩尺模型试验采用的三次循环加载相比，本方法初步建议木塔复位采用五次循环加载制度，以考虑结构尺寸和荷载的放大效应。实际应用时，可参照缩尺模型试验的循环复位程序，结合木塔实际状况进行计算机模拟分析，并按照更高的安全性标准，确定复位循环的次数和每次复位值。

（2）为了降低柱圈复位后的回倾量，每次复位加载后保持荷载的时间应尽可能延长。与缩尺模型试验采用的每次加载后持荷 12h 相比，本方法初步建议木塔复位时每次加载后持荷一个星期，加载结束后再持荷两个星期，以充分保证复位的稳定性。

随着加载次数增加、保持荷载的时间延长，预计木构架复位后的回倾量将明显减少。因此，若楼层复位的稳定状态较好，则应尽量避免进行超目标复位或减少超目标复位值，以减少对木塔构件的施工应力增量。

（3）分级复位施工时，可运用全部顶撑-张拉装置同时操作，也可轮流运用单套装置循环加载。运用全部装置同时操作，复位作用力的合力大，各构架之间的牵连作用也大，柱圈的整体复位效果较明显；运用单套装置循环加载，可减少施工操作人员数量，且可对楼层的复位状况做更细致的观察。因此，应结合复位装置和操作人员的数量、复位过程监测的要求做进一步的优化。

第 6 章

应县木塔内部顶托-平移复位方法

6.1 内部顶托-平移复位工艺

6.1.1 复位工艺技术特征

由第 4 章外部水平张拉复位方法的工艺方案可知，在对应县木塔进行复位施工时，需要搭设外部工作支架来安放复位装置，并设置内部安全支撑以保证结构的安全。复位装置与安全支撑分设在塔体内外，两套体系关联性不强，且较为费工。此外，由第 5 章内部顶撑-张拉复位方法的模型试验得知，当作用在倾斜构架上的竖向荷载很大时，纠偏施工所需的复位力也非常大，易使构架节点部位的损伤加剧。

扬州大学古建筑保护课题组针对上述两方面的问题，以“原状拨正加固”为目标，结合应县木塔的变形特征和复位施工的技术要求，研制了内部顶托-平移复位工艺和配套的复位-安保多功能支架，并获得国家发明专利授权。

复位-安保多功能支架是将传统工艺中的工作支架、安全支撑与复位装置进行综合设计组装，使其兼具复位操作和安全保护的双重功能，以实现优化工艺、节省材料、提高效率的目标。

内部顶托-平移复位工艺的技术特征是：在变形楼层内部架设复位-安保多功能支架，楼层复位时，采用竖向顶托装置支顶木构架上部木梁栿，对构架的复位进行全程顶托保护，并将构架上的部分竖向荷载转移至多功能支架上。然后，用水平复位装置推（拉）倾斜木柱，使木构架平移复位。由于施加的水平复位力随构架上竖向荷载的降低而相应减少，从而可减轻构架复位过程产生的施工应力，降低工程风险。

图 6.1 为复位-安保多功能支架安装示意图，图 6.2 为顶托-平移复位力系示意图。多功能支架采用支撑刚架和工作台板组装，可根据楼层的空间位置和复位要求灵活布置，形成稳定的施工平台和安全支撑。竖向顶托装置由竖向千斤顶、局部安全撑架组成，水平复位装置由水平推-拉杆和水平滚轴导向板等部件组成，装置安装在工作台板上，能有效地提供木构架复位所需的竖向和水平作用力，实现复位施工的精确控制。

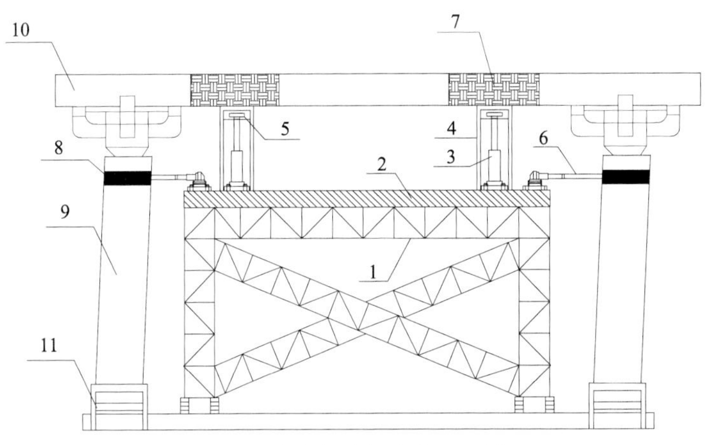

图 6.1　多功能支架安装示意图

1. 支撑刚架；2.工作台板；3.竖向千斤顶；4.局部安全撑架；5.水平滚轴导向板；6.水平推-拉杆；7.梁端保护套板；8.柱顶安全套箍；9.待复位木柱；10.木梁栿；11.柱脚钢板箍

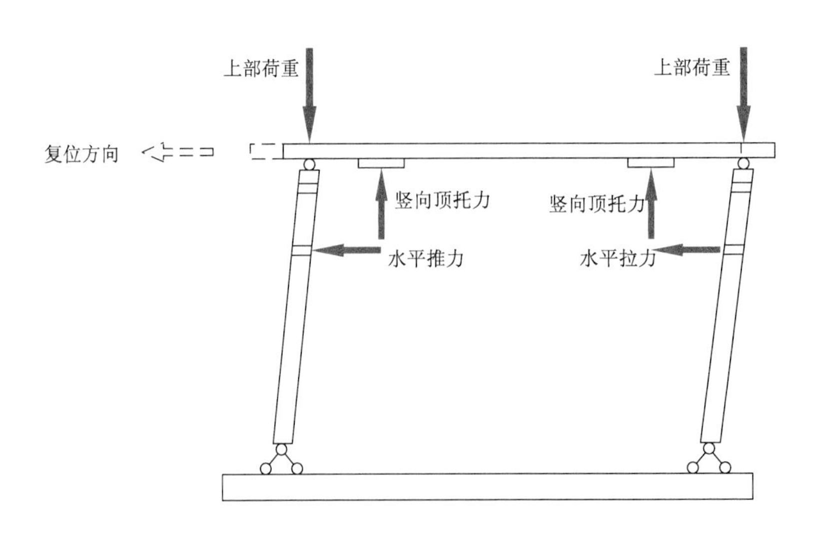

图 6.2　顶托-平移复位力系示意图

6.1.2 复位工艺技术方案

以木塔变形严重的第二层明层为复位楼层，具体说明内部顶托-平移复位工艺的技术方案，复位楼层内、外槽柱圈的平面及各柱的编号如图 6.3 所示。

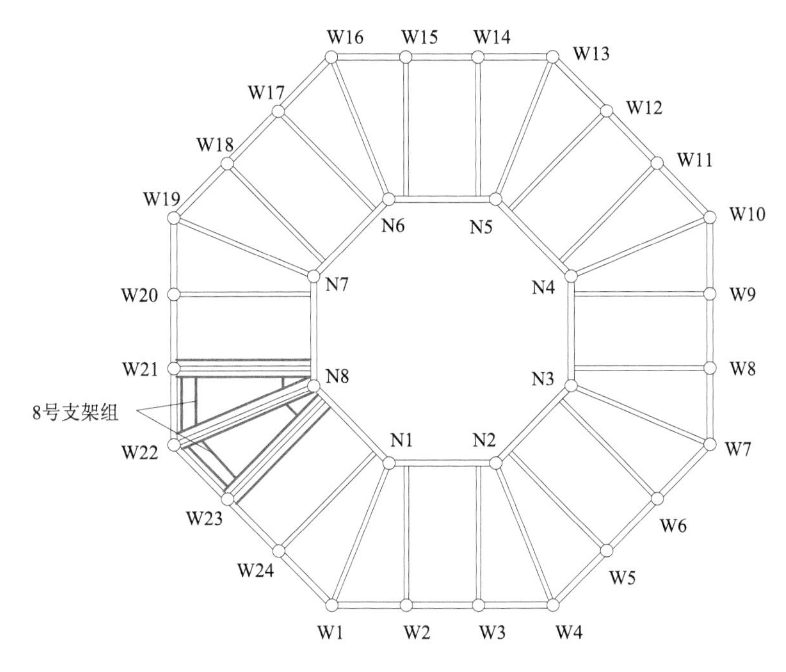

图 6.3 多功能支架布置示意图

1. 多功能支架的布置

为了获得均匀的竖向顶托力，在 8 个角柱区的内、外槽之间各布置一组支架。为便于识别，每组支架的编号宜与内槽柱编号一致。

每一组支架的平面构成，是以内、外槽角柱间的梁栿轴线为中线，加上左右两根梁栿的边线，形成两个由三角形组成的扇形平面，如图 6.3 所示，8 号支架组由内槽 8 号柱与外槽 22、21、23 号柱之间梁栿构成的平面。

2. 竖向顶托力系的布置

按照图 6.3 所示的布置方案，在 8 个支架组的两侧梁端下面设置顶托点、安装竖向千斤顶，内、外槽之间共有 24 根梁栿，共 48 个点可以施加竖向顶托力。

为简便起见，可将选定的竖向顶托力平均分布在每一个顶托点上。实际施工时，可根据上部荷重的分布进行力学分析，对各顶托点的顶托力进行均衡调整。

3. 水平复位力系的布置

根据第二层柱圈的变形特征，并考虑木构架复位时的相互牵连作用，可在柱圈变形严重的西面、西南面、南面和东北侧角柱区的5个支架组（7号、8号、1号、2号和5号支架组）的工作平台上安装水平推-拉杆，复位力系如图6.4所示。其中，外槽柱头布置13个，内槽柱头布置5个。

每一水平推-拉装置所施加的复位力，可根据倾斜柱头的复位值和复位力系的平衡协调确定。为合理地发挥装置效益，宜先按南北、东西方向确定复位力的分力（如图6.4中红色箭头），再确定合力的大小和方向，作为水平推-拉杆方向调整和加载的依据。

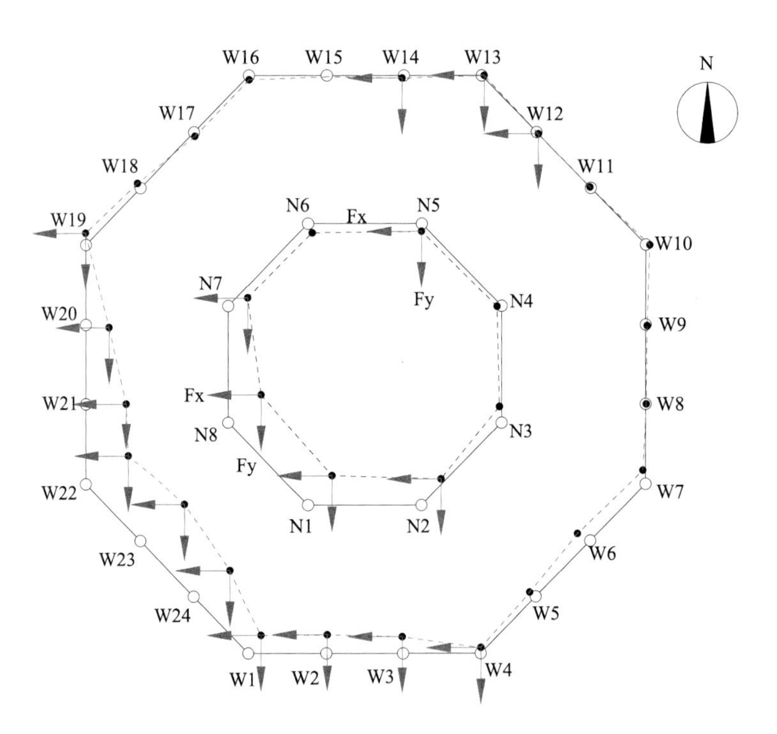

图6.4　布置于柱顶的水平复位力系

4. 下部竖向支撑的架设

为了避免施工荷载对二层平坐木构架和底层木柱产生损伤，在复位楼层之下设置竖向支撑（图 6.5），将多功能支架的自重及竖向顶托力直接传递到地基。竖向支撑布置在底层内、外槽土墼墙之间，其上部支顶于多功能支架的支座，下部放置在地基承压垫板上。

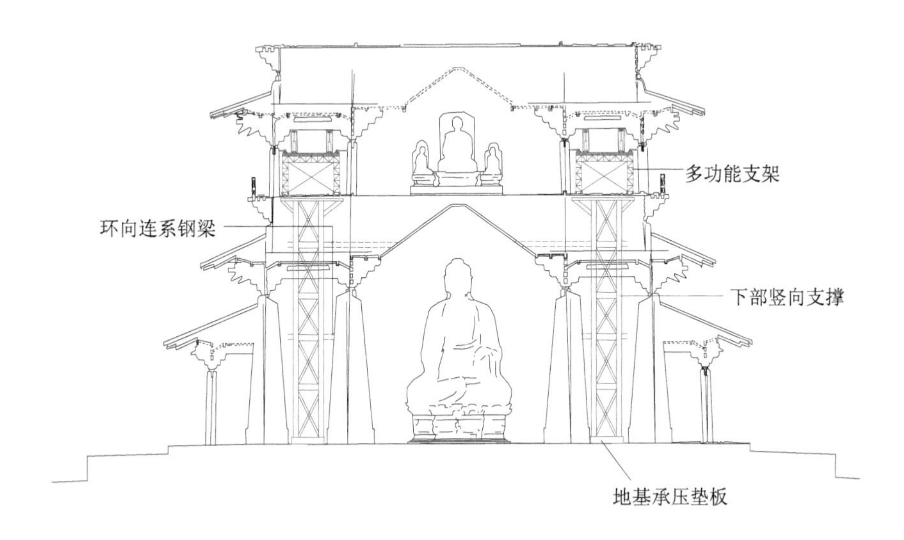

图 6.5　下部竖向支撑示意图

竖向支撑采用型钢制作，并用螺栓连接，以便上部楼层复位施工完成后全部拆卸。

5. 楼层顶托-平移复位

按照预定的竖向分级顶托方案，运用竖向顶托装置顶托木构架上的木梁栿。达到设计顶托力后，启动千斤顶油泵稳压开关，并固定局部安全撑架，保持顶托力处于稳定状态。

然后，按照预定的水平分级复位方案，运用水平推-拉杆逐步平移木构架复位。达到最终复位目标值后，保持水平复位力不变，采用木楔紧固木构架的松弛节点和部位，使构架保持竖直稳定状态。

6. 多功能支架和竖向支撑的拆除

木塔楼层复位后，需保持其稳定状态两个星期，以进行结构性能观测。然后，在进行安全观测和监控的条件下，逐步放松竖向顶托装置和水平复位装置的作用力。

楼层复位施工完成后，可利用多功能支架对损伤木构件进行修缮。

楼层复位及修缮工作完成后，再将多功能支架和下部竖向支撑全部拆除。

7. 瓦顶的拆卸与铺装

实施本技术方案时，为了减轻木构架上的竖向荷重、降低复位摩阻力、提高复位效率，应在木塔复位施工之前，将塔顶及各层外檐的瓦顶卸除，并做好塔体木构架的防雨、防晒保护。待塔体复位、加固之后，再将瓦顶铺设复原。瓦顶的拆卸与重铺，可利用木塔外围搭设的垂直运输脚手架进行作业。

6.2 复位工艺的设计与施工

6.2.1 设计任务与技术要求

1. 塔体检测及结构、构件加固设计

（1）检测、核定复位楼层各木构架的倾斜值，以及柱头的变形值。

（2）检测构件的损伤部位及损伤程度，拟定受损构件的修缮加固要求。对损坏较严重的构件，特别是损坏的木柱柱顶与斗栱的结合部位，宜在张拉复位之前进行加固，以保证施工中的安全。

（3）对施加竖向顶托力的木梁栿两端、施加水平复位力的木柱柱顶进行保护性设计，验算木材的局部受压承载力，确定梁端保护套板、柱顶安全套箍的做法。

（4）对叉立在地栿上的木柱柱脚，为了防止其在木柱复位过程中受损和滑动，需要进行加固，并采用钢板箍临时固定。钢板箍的细部构造设计应满足既能约束柱脚滑动又不限制柱脚转动的要求。

2. 复位制度及监测方案设计

（1）竖向顶托方案：设定楼层整体竖向顶托力并分配到各顶托点，各顶托力宜与其上梁端竖向压力的比例相一致。竖向顶托力可分 3 级逐步增加到位，每级顶托后保持顶托力 24h，以观测楼层及构件的变形状况。达到设计顶托力后，应保证顶托装置在之后的水平复位阶段始终处于稳定持力状态。

（2）水平复位方案：设定各倾斜构架的目标恢复值 Δ，确定水平复位装置的数量和布置方式，并根据目标恢复值 Δ 和构件变形控制值优化复位制度。楼层的水平复位应采用分级复位制度，每级复位控制值不超过 $\Delta/5$。对于严重变形的木构架，第一、二级复位控制值可分别取 $\Delta/10$、$\Delta/8$，且均不超过 50mm。每级复位后需保持复位力一个星期，以观测楼层及构架的变形稳定状况。

（3）施工监测方案：利用现有的木塔监测控制网和外部柱头位移监测点，并在木塔内部增设测量装置，制定柱头复位测量方案，以准确地测定柱圈和构架的复位值。根据水平复位方案，编制各级复位制度下木构架的复位状况核对表，并结合施工过程木柱位移测量记录，及时、有效地控制复位装置的操作。

（4）木构架稳固方案：确定木构架复位后采用木楔紧固的节点和部位，以及木楔的材料和尺寸。木楔的紧固应采用传统工艺方法，避免对紧固部位和节点造成新的损伤，并能使木构架在卸除复位装置后，仍处于竖直稳定状态。

3. 安全预备方案设计

（1）分析复位力施加、卸除过程中楼层和木构架的受力状态，进行构架有顶托和无顶托两种状况下的结构可靠性验算。

（2）对施加水平复位作用力的区域进行重点分析，查找施工过程中可能出现的各种安全问题，提出预防问题、解决问题的程序和措施。

4. 多功能支架设计

（1）多功能支架由工作支架和复位装置等部件组成，可参照发明专利《变形木构架建筑的复位-安保多功能支架》（ZL 201410494520.2）的图样，并根据复位楼层的空间尺寸和采用的顶托-平移装置的型号进行设计，确定组装方案。

（2）多功能支架需具备足够的刚度、强度和整体性，能有效地顶托上部楼层，将预定的竖向荷重传递到下部结构，并能保证水平复位操作的稳定运行。多功能支架应按轻型钢结构设计，要求质轻牢固，尽可能减少对楼板和下部竖向支撑的压重。

5. 下部竖向支撑设计

（1）下部竖向支撑的平面布置应与多功能支架相对应，可根据二层平坐和底层土墼墙的空间位置，合理确定下部竖向支撑的形状、构件尺寸及连接构造。

（2）下部竖向支撑可分片设计组装，但应满足结构承载力和刚度要求。为增加竖向支撑的整体稳定性，可沿二层平坐和底层土墼墙的空间部位各设置一道环向连系钢梁（图 6.5），将各片竖向支撑拉结成环向空间结构。

6.2.2 施工程序与控制要求

1. 楼层构件预加固

（1）按照木构件加固设计要求，对复位楼层构件损坏较严重的部位，采用缠绕碳纤维布、加螺栓钢夹板等常规措施进行预加固。

（2）对顶托-平移装置施力的梁端、柱头部位缠绕碳纤维布，安装梁端保护套板、柱顶安全套箍。

（3）对复位木构架的柱脚，采用钢板箍对柱脚与地栿连接部位进行临时性固定。

2. 下部竖向支撑安装

（1）按照设计方案，适当加固底层土墼墙间地基，并铺设地基承压垫板。然后，在底层土墼墙间和二层平坐中安装竖向支撑，安装时严禁损坏墙体和木构件。

（2）竖向支撑的预制钢构件宜采用手工机械装配，要求连接牢固。

（3）安装竖向支撑时，应注意使支撑在竖向与多功能支架垂直，并与多功能支架下面的楼板紧密结合，保证竖向荷载的有效传递。

3. 多功能支架安装

（1）按照多功能支架布置方案，在复位楼层中布设多功能支架的部位铺设硬木垫板，以保护楼板，并将支架自重及竖向顶托力均匀地向下部传递。

（2）按照多功能支架组装方案，有序安装多功能支架的部件。先组装工作支架的支撑刚架和工作台板，形成稳定的空间刚架体系。然后，在工作台板上预定的部位安装竖向顶托和水平推-拉复位装置；最后，将竖向顶托装置对准并紧贴木梁栿下部的顶托位置，将水平推-拉复位装置与柱顶安全套箍牢固连接。

4. 复位操作与观测

（1）按照预定的竖向顶托方案，同时启动全部竖向顶托装置来顶托其上的木梁栿。注意一边顶托、一边观测记录楼盖的变形情况，特别要注意观测受损构件和节点的工作状态，若发现异常情况，应及时按照安全预备方案采取相应措施。达到设计的顶托力后，启动千斤顶油泵稳压开关，保证顶托装置处于稳定持荷状态。

（2）按照预定的水平复位方案，同时运用水平推-拉杆来缓慢平移木构架复位。注意一边平移、一边观测记录柱头和构架的复位情况，特别要注意观测受损构件和节点的工作状态，若发现异常情况，应及时按照安全预备方案采取相应措施。达到每级复位值后，按规定的时间要求保持复位力，并检测楼层及构件的变形稳定状况。

（3）楼层达到复位目标值后，保持竖向顶托力和水平复位力不变，按照木构架稳固方案，采用木楔对木构架的松弛节点和部位进行稳固定位，并对楼层复位后的稳定状态进行观测。

（4）楼层复位稳定观测两个星期后，在安全观测和监控的条件下，逐步卸除顶托-平移装置的作用力。卸载操作顺序如下：先放松竖向顶托装置的作用力，使整个柱圈恢复到正常受压状态；然后放松水平复位装置的作用力，并继续观察柱圈卸载后的稳定情况。

5. 损伤构件修缮

（1）待楼层复位施工完成并符合要求后，进行损伤木构件的修缮和加固。应充分发挥多功能支架的作用，做好修缮加固过程中的安全保护。

（2）按照现行古建筑木结构修缮加固规范的规定，采用合适的工艺方法修复木构件。应尽可能不更换构件，不对节点区域进行大范围拆修，以避免对木塔结构产生新的扰动，并尽量保护木塔原状、保存历史信息。

6. 装置拆除和后期观测

（1）楼层复位和构件修缮工作全部完成后，依次拆除多功能支架的顶托-平移复位装置、工作台板、支撑刚架，然后自上而下拆除下部竖向支撑在二层平坐和底层中的构件。

（2）利用木塔监测基准控制网和位移监测点，结合木塔现有的变形观测，进行复位与加固效果的长期跟踪观测。

6.3 复位工艺的力学性能模拟分析

按照 6.1.2 节所述技术方案，课题组采用 ANSYS 软件建立应县木塔有限元模型，以第二层明层为复位对象，进行内部顶托-平移复位工艺的力学性能模拟分析，重点考察竖向顶托力的变化对塔体复位效果的影响。

6.3.1 复位方案设计

1. 竖向顶托力施加方案

为了减轻竖向荷重、降低复位摩阻力，应在木塔复位施工之前将各层瓦顶卸除。因此，有限元模拟分析时，木塔的竖向荷重仅考虑木构件重量。

按照竖向顶托力布置方案，在内、外槽之间 24 根梁栿的两端，共计有 48 个顶托点，向上施加竖向顶托力。

根据孟繁兴和陈国莹专著《古建筑保护与研究》对应县木塔自重的估算，作用在第二层之上木构件的总重约为 840t。为了获得顶托力变化对复位效果的影响规律，取两种方案进行比较研究：

方案（一）：竖向顶托力为 1/4 上部楼层荷重，取 2100 kN，每一根木梁栿端部作用的顶托力 V=43.8 kN。

方案（二）：竖向顶托力为 1/2 上部楼层荷重，取 4200 kN，每一根木梁栿端部作用的顶托力 V=87.6 kN。

顶托装置向上施加顶托力的同时，多功能支架将向下传递反力，因此，需在多功能支架的底部施加与顶托力等值的反向压力（图 6.6）。考虑到多功能支架及顶托-平移装置的自重，在进行有限元模拟时，在每一组支架的底部再施加 50kN 向下的竖向力，以模拟实际操作中复位装置自重对下部结构的作用。

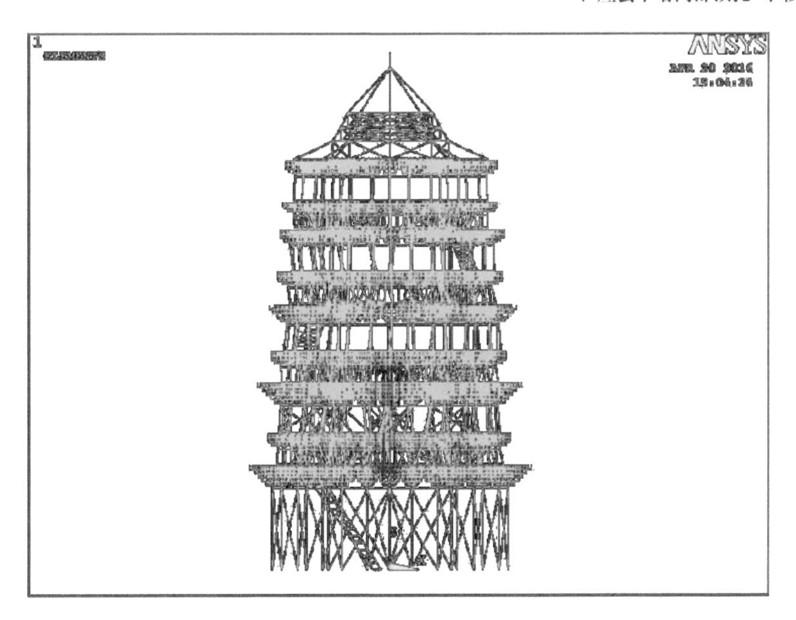

图 6.6　竖向顶托力与反向压力布置示意图

2. 水平复位摩阻力的考虑

当木构架在水平复位力作用下移动时，将在局部安全撑架和梁端保护套板之间产生相对运动的水平摩阻力。由于局部安全撑架的顶部安装了水平滚轴导向板，可以按照滚动摩擦方式来计算水平摩阻力。

钢制滚轴与钢板之间的滚动摩擦系数通常在 0.02～0.1 之间，参照《空格网格结构技术规程》（JGJ 7—2010）有关滑移施工的条款，并考虑钢制轮轴构造状况和各顶托点的移动不均匀性，偏安全地将滚动摩擦综合系数 η 取为 0.1。

因此，在布置了竖向顶托力 V 的各个梁端部位，设置水平复位摩阻力 F_m，其值为 $F_m = \eta V$。

3. 水平复位力的布置

为了比较竖向顶托力变化对水平复位力的影响，对两种竖向顶托力方案采用相同的水平复位力布置方式，见图 6.4。其中，外槽作用点为 19、20、21、22、23、24、1、2、3、4、12、13、14 号柱头共 13 个，内槽作用点为 7、8、1、2、5 号柱头共 5 个。

6.3.2 复位方案模拟分析

1. 水平复位力的比选

以楼层中各柱复位后的倾斜率在东西、南北两个方向均小于±2%柱净高为控制目标，并按水平复位力一次施加到位进行试算调整，确定了两种竖向顶托力方案下施加在柱顶的水平复位力。

表 6.1、表 6.2 分别为方案（一）、方案（二）对内、外槽柱头施加的水平复位力，表中，*X* 为东西方向（向西为正值，向东为负值），*Y* 为南北方向（向南为正值，向北为负值）。

表 6.1 顶托力取 1/4 上部楼层荷重时所需的水平复位力 （单位：kN）

<table>
<tr><td colspan="2">外槽柱编号</td><td>19</td><td>20</td><td>21</td><td>22</td><td>23</td><td>24</td><td>1</td><td>2</td><td>3</td><td>4</td><td>12</td><td>13</td><td>14</td></tr>
<tr><td rowspan="2">复位力</td><td>X</td><td>–30</td><td>100</td><td>190</td><td>200</td><td>190</td><td>170</td><td>100</td><td>55</td><td>40</td><td>–30</td><td>–30</td><td>–50</td><td>–30</td></tr>
<tr><td>Y</td><td>100</td><td>55</td><td>160</td><td>180</td><td>160</td><td>140</td><td>80</td><td>65</td><td>55</td><td>40</td><td>–30</td><td>–50</td><td>–30</td></tr>
<tr><td colspan="2">内槽柱编号</td><td colspan="2">7</td><td colspan="3">8</td><td colspan="3">1</td><td colspan="2">2</td><td colspan="3">5</td></tr>
<tr><td rowspan="2">复位力</td><td>X</td><td colspan="2">155</td><td colspan="3">280</td><td colspan="3">240</td><td colspan="2">140</td><td colspan="3">–60</td></tr>
<tr><td>Y</td><td colspan="2">120</td><td colspan="3">220</td><td colspan="3">215</td><td colspan="2">155</td><td colspan="3">–100</td></tr>
</table>

注：*X* 方向复位力总和为 1630kN、*Y* 方向复位力总和为 1535kN，楼层总体水平复位力为 2239kN。

表 6.2 顶托力取 1/2 上部楼层荷重时所需的水平复位力 （单位：kN）

<table>
<tr><td colspan="2">外槽柱编号</td><td>19</td><td>20</td><td>21</td><td>22</td><td>23</td><td>24</td><td>1</td><td>2</td><td>3</td><td>4</td><td>12</td><td>13</td><td>14</td></tr>
<tr><td rowspan="2">复位力</td><td>X</td><td>–30</td><td>80</td><td>160</td><td>170</td><td>160</td><td>140</td><td>80</td><td>45</td><td>40</td><td>–30</td><td>–20</td><td>–40</td><td>–20</td></tr>
<tr><td>Y</td><td>80</td><td>50</td><td>130</td><td>150</td><td>130</td><td>120</td><td>65</td><td>50</td><td>50</td><td>40</td><td>–30</td><td>–40</td><td>–30</td></tr>
<tr><td colspan="2">内槽柱编号</td><td colspan="2">7</td><td colspan="3">8</td><td colspan="3">1</td><td colspan="2">2</td><td colspan="3">5</td></tr>
<tr><td rowspan="2">复位力</td><td>X</td><td colspan="2">130</td><td colspan="3">230</td><td colspan="3">190</td><td colspan="2">110</td><td colspan="3">–40</td></tr>
<tr><td>Y</td><td colspan="2">100</td><td colspan="3">180</td><td colspan="3">170</td><td colspan="2">125</td><td colspan="3">–80</td></tr>
</table>

注：*X* 方向复位力总和为 1355kN、*Y* 方向复位力总和为 1260kN，楼层总体水平复位力为 1850kN。

对比表 6.1、表 6.2 中数据可知，方案（二）因施加的竖向顶托力大，所需的水平复位力相对较小，约为方案（一）的 83%。因此，方案（二）可有效地降低水平复位装置的功率，且可减少加载柱头的局部应力。

2. 楼层的复位规律

将竖向顶托力、水平复位力以及水平复位摩阻力作用在有限元模型上，对两种方案进行复位状况模拟分析。

图 6.7 为方案（一）的整塔复位状况位移图，复位力系直接作用的第二层楼层的变形值较大，且带动了上部楼层共同变形。图 6.8 为方案（一）的第二层柱

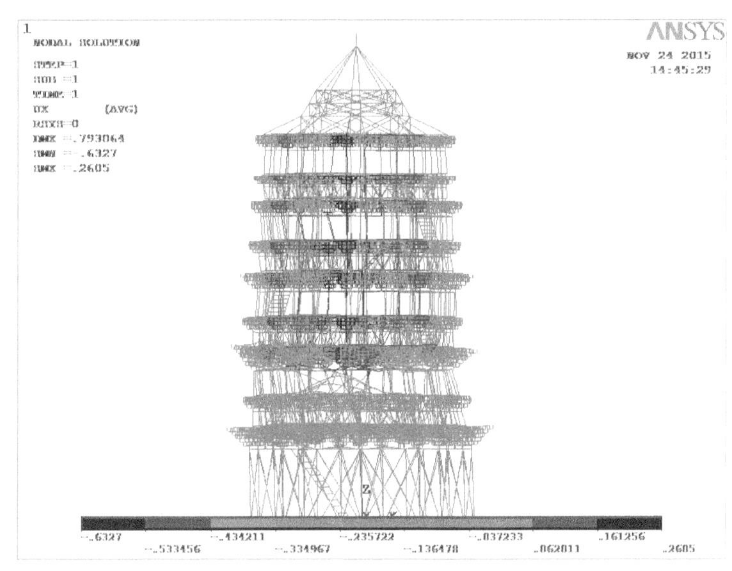

图 6.7　木塔整体结构复位图

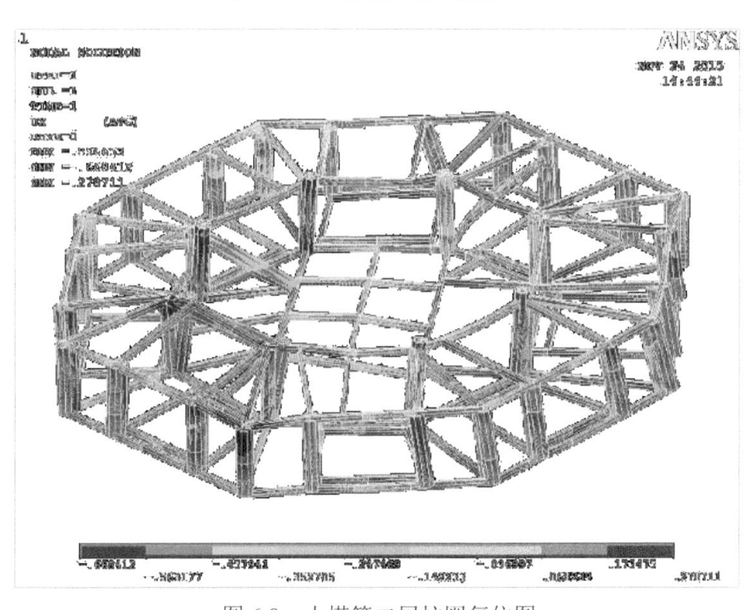

图 6.8　木塔第二层柱圈复位图

圈复位位移图，复位力系直接作用的西南部位变形较为明显，复位效果较为理想，并带动了周边柱子有效复位。

方案（二）的整塔和第二层柱圈的变形规律与方案（一）基本相同，复位图省略。

为了进一步考察柱头复位的规律，以坐标图的方式给出了方案（一）外槽柱和内槽柱复位前后的倾斜值，如图 6.9、图 6.10 所示，图中规定东西向以向东为正值，南北向以向北为正值。从图 6.9、图 6.10 中可以看出，将水平复位力施加在具有较大倾斜量的柱顶，可产生直接的复位效果。此外，由于木构架之间的牵连作用，具有较大倾斜量的柱子在复位时，也带动了周边柱子有效复位。

方案（二）外槽柱和内槽柱复位前后的倾斜状态与方案（一）基本相同，对比图省略。

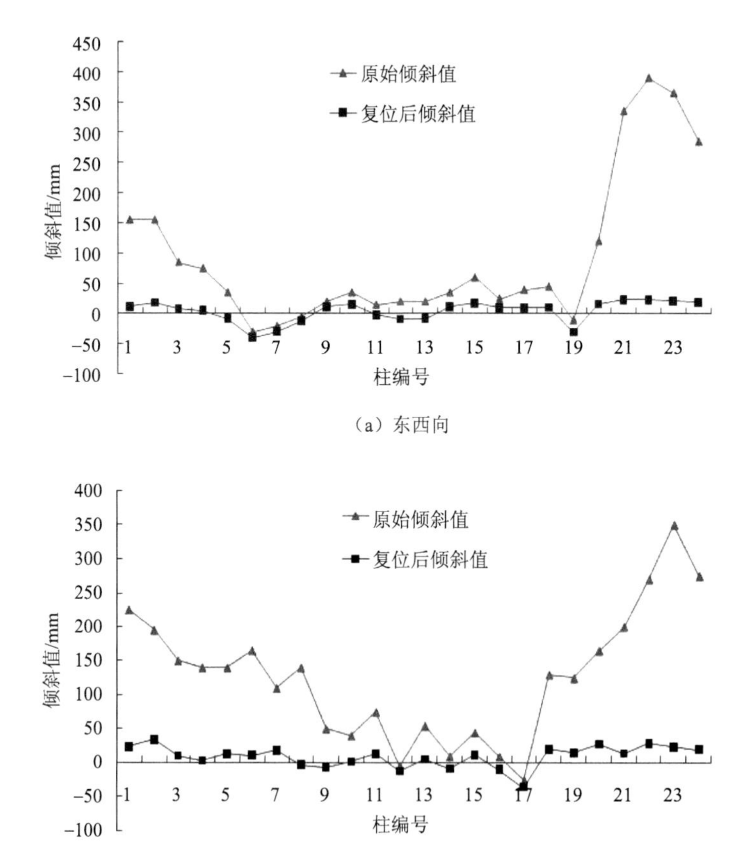

（a）东西向

（b）南北向

图 6.9 外槽柱复位前后的倾斜值

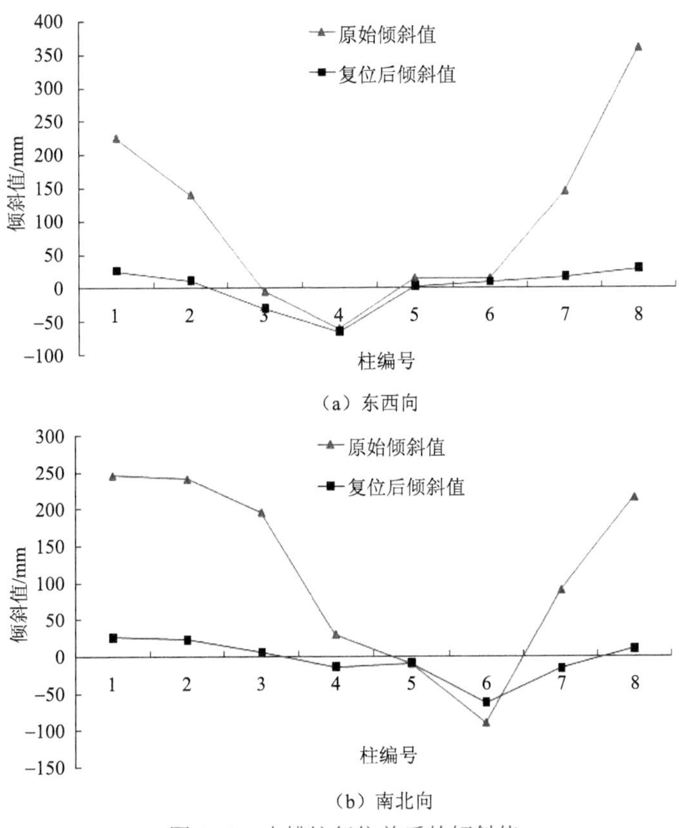

图 6.10　内槽柱复位前后的倾斜值

3. 构件应力值变化

分别对方案（一）、方案（二）复位状况下各层柱子进行了应力分析，以考察顶托力变化对构件应力的影响。为简化分析，有限元模拟时未考虑下部竖向支撑的作用，第一层的荷载仍假定由柱子承重。

选择各楼层复位后具有最大应力的柱子为样本，分别对其初始应力、复位后应力和应力增量进行比较。表 6.3、表 6.4 分别给出了方案（一）、方案（二）中具有最大应力柱子的应力变化。

表 6.3　方案（一）具有最大应力柱子的应力变化　（单位：$\times10^{7}$Pa）

楼层 （最大应力柱号）	第一层 （23）	第二层 （22）	第三层 （22）	第四层 （21）	第五层 （22）
初始应力	0.439	0.680	0.310	0.087	0.052
复位后应力	0.645	0.894	0.290	0.136	0.098
应力增量	0.206	0.214	–0.020	0.049	0.046

表 6.4　方案（二）具有最大应力柱子的应力变化　　（单位：$\times 10^7$Pa）

楼层（最大应力柱号）	第一层（23）	第二层（22）	第三层（22）	第四层（21）	第五层（22）
初始应力	0.439	0.680	0.310	0.087	0.052
复位后应力	0.660	0.815	0.295	0.130	0.096
应力增量	0.221	0.135	–0.015	0.043	0.044

对比表 6.3、表 6.4 中数据可以看出：①方案（二）施加的水平复位力小，初始应力最大的第二层 22 号柱复位后的应力增量相对较小；②方案（二）施加的竖向顶托力大，支架向下传递的竖向力也大，底层柱头复位后的应力增量也较大；③竖向顶托力的变化，对上层柱子的应力增量的影响很小。

通过应力分析可知，两种方案下柱子的最大应力均小于木材的允许值（参照当时标准《木结构设计规范》(GB 50005—2003)，并考虑木塔残损状况乘以 0.8 降低系数，华北落叶松的顺纹抗压强度取 1.20×10^7Pa)，具有较好的施工安全性。

需要说明的是，在实际运用内部顶托-平移复位方法时，可对楼层水平复位采用分级复位制度，则每级施加的水平复位力将有效降低，构件的施工应力增量也将随之减少。此外，施加的竖向顶托力及多功能支架的自重，可直接通过下部竖向支撑传递给地基，对底层木柱产生的施工应力增量较小。

6.4　复位工艺的评价与优化

6.4.1　工艺特征的评价

内部顶托-平移复位方法，是对外部水平张拉复位方法和内部顶撑-张拉复位方法的优化，具有以下特征：

（1）将传统修缮工艺中的工作支架、安全支撑与复位装置设计组装成复位-安保多功能支架，使其兼具复位操作和安全保护的双重功能，实现了技术先进、效率提高的目标。

（2）与传统的外部张拉或支顶复位工艺相比，运用复位-安保多功能支架在木塔内部实施复位操作，不需设置大型外部施工支架，且无复位装置连接件穿插木塔门窗，最大限度地保护了木塔外观原貌。

（3）复位施工时，采用竖向顶托装置将倾斜木构架上的塔体平稳托住，提高了施工全过程的安全性。通过调整竖向顶托力，将一部分作用在木构架上的荷重转移至多功能支架，从而减少了水平复位装置施加的复位力，减少了构架的施工应力增量，降低了构件损伤风险。

（4）复位施工时，竖向顶托力由竖向千斤顶施加，水平复位力分别由水平千斤顶和钢拉杆施加，施力方向与作用方向一致，机械效率高，顶托-平移复位效果明显。

但是，为了有效地转移复位楼层之上的竖向荷载，并保证复位装置和木塔结构的安全，内部顶托-平移复位方法对多功能支架的要求高，对下部竖向支撑的要求也高，两者的制作、安装难度和工程费用也相应增大，需要做进一步的优化设计。

为了检验内部顶托-平移复位方法的力学性能，课题组采用 ANSYS 分析软件进行了木塔复位有限元模拟分析。通过对两种竖向顶托方案的复位作用力、复位效果和构件应力增量的对比分析，表明该复位方法可实现预期效果且较为安全。

由有限元分析结果得知，随着竖向顶托力的增大，作用在复位楼层木构架上的荷重减少，木构架复位所需的水平作用力有一定程度的降低，在木柱上产生的施工应力增量也相应减少。因此，可通过选择合适的顶托方案，提高木塔复位的效率和施工安全性。

6.4.2　工艺优化的思考

鉴于内部顶托-平移复位方法属于社会提案，其工艺方案尚处于研制的初步阶段，与工程实施方案存在较大差距，需要在现有的基础上进一步优化，以提升该方法的理论和应用价值。

1. 竖向顶托力的优化

由内部顶托-平移复位工艺力学性能分析结果可知，随着竖向顶托力增大，施加的水平复位力相应减少，对木构架的施工应力增量也减少，降低了施工风险，这是木塔复位的有利因素。

但是，结合工程实际来看，对于竖向顶托力的选择，尚需考虑以下不利因素：

（1）竖向顶托力增大，对多功能支架和下部竖向支撑的加固要求都将提高，工程费用也相应增大。

（2）竖向顶托力增大，由下部竖向支撑传递至塔内地基的局部荷重也相应增大。

（3）楼层在水平复位力作用下进行复位运动时，在竖向顶托装置与木梁栿底部之间将产生运动摩擦，采用的竖向顶托力增大，水平运动摩擦力也增大。

（4）木构架的梁柱节点在千年荷重作用下已形成稳定状态，过大的竖向顶托力可能会造成节点松动或新的损伤。

因此，必须对上述多种因素进行综合分析，以结构的安全为重点，兼顾工程的经济性，细化现有的竖向顶托力方案，进行有限元模拟分析比较，或通过构架缩尺模型试验验证，以获得更为有效合理的工程实施方案。

2. 水平复位装置的布置

水平复位装置的布置与复位效率和施工安全性密切相关，复位装置布设得越多，则单个装置所需施加的作用力相对较小，对木构件的施工应力也小，但需要增加复位装置及其工作支架的数量，工程费用相应增加。

为了对复位楼层的上部结构均匀施加顶托力，需在每个角区设置多功能支架，用于在每根木梁底部安放竖向顶托装置，这也为在每根木柱柱头上安装水平复位装置提供了有利条件。因此，在不增加支架费用的情况下，多设置一些水平复位装置，将有助于楼层的整体复位和施工安全。

3. 复位程序的优化

由第 5 章模型试验结果得知，采用逐次分级复位程序，可降低复位装置的作用力和柱子的施工应力增量。因此，可参照模型试验的分级复位程序，结合木塔的实际状况和更高的安全性要求，确定分级复位的次数和每次复位值。由于顶托-平移复位方法采用顶托装置，将上部楼层的部分荷重转移至工作支架，有效降低了柱子水平复位的施工应力；因此，为节约工期，可适当减少水平复位的分级次数，并加强观测，确保结构在复位过程中的稳定和安全。

由第 5 章模型试验结果还得知，作用在复位楼层上的竖向荷载越大，复位力卸除后楼层的回倾量越小。在内部顶托-平移复位方法的复位程序设计中，对楼层采用了“先卸除部分竖向荷载，再进行水平复位，复位完成后再重新承受全部竖向荷载，最后放松水平复位装置”的施工顺序，这将使得复位力卸除时，楼层上的竖向荷载比复位过程中相应增大，有利于减少楼层复位后的回倾量。因此，可在模型试验的基础上，进一步验证竖向荷载“降低—恢复”过程对减少楼层回倾量的有利影响，为实施方案中减少超目标复位值或不采用超目标复位提供依据。

此外，对于瓦顶的拆卸与复原施工，也应注意竖向荷载对楼层复位后回倾量的影响，即在复位施工前拆卸瓦顶，以减轻竖向荷重、提高复位效率，而将重铺瓦顶的时间放在楼层复位后的保持荷载阶段，等待瓦顶固结稳定后再卸除作用在楼层上的复位力，以增加楼层的压重、减少回倾量。

4. 施工装置的优化

采用内部顶托-平移法复位时，多功能支架和下部竖向支撑将向底层土墼墙间通道传递压力，课题组在研制本方案时，对通道地基承载能力进行了初步分析。

由本书第 1 章可知，底层内、外槽土墼墙间的通道净宽 2.38m，周长约 56m，其地基承载力标准值为 420kN/m^2。若取竖向支撑底部的地基承压垫板铺设宽度为 1.58m（垫板两侧距离土墼墙各为 0.40m），则通道地面能承受的总压力为 56×1.58×420≈37162kN。当竖向顶托力取 1/2 上部楼层荷重为 4200 kN 时，加上 8 组多功能支架重量 50×8 = 400kN，并将下部竖向支撑的总重量控制在 1000kN 之内，则传递至土墼墙通道地面上的总压力为 4200+400+1000 = 5600kN，仅为 37162kN 的 15%。因此，通过对多功能支架和下部竖向支撑的合理设计，复位施工时向下传递的压力，不会对底层土墼墙间地基产生较大的不利影响。

在本方案中，用于楼层复位的多功能支架和传递荷载的下部竖向支撑是分别设计组装的，在相接部位存在构件重叠以及铺设硬木垫板的情况。若根据顶托-平移复位方案施加荷载的需求，对多功能支架和下部竖向支撑进行优化组合和整体设计，尽可能减少构件数量，尽可能加强构造连接，以减轻自身重量、增强整体刚度，则可进一步达到节约材料、降低对木塔的干扰、降低地基负荷的目的。

5. 有限元模拟分析的优化

有限元模拟分析是了解木塔在复位力系作用下结构变形和构件应力状态的有效手段。为了验证本书所提供的复位方法的力学性能，课题组采用 ANSYS 分析软件构建了木塔有限元模型，并进行了复位效应的模拟分析。十多年的木塔复位方法研制过程中，课题组对木塔的有限元建模和分析方法不断改进，期望所构建的模型能较好地表达木塔的实际构造，模拟结果能较准确地反映木塔的力学性能。

但受建模技术和计算机条件的限制，用于本书的有限元模型和分析方法尚存在不足，需要进一步优化。

因木塔由数以万计构件组成，且梁柱节点以及斗栱构件的连接构造复杂，为了降低有限元模型单元总数量、满足模拟分析的计算运行，课题组建模时以表达结构构件的实际尺寸、材料性能和损伤程度为主，但对构件的连接构造做了较多的简化，未能较好地反映构件节点摩阻、转动性能对结构复位的影响。此外，为了简化单元类型，将底层土墼墙简化为等效柱间木斜撑，尚不能很好地表达土墼墙顶部柱头及栌斗的实际构造与受力状况。

在木构架和构件力学性能分析方面，对于复位力系的合理布置、分级施加复位力对构架复位和牵连作用的效应，以及构架复位后回倾性能的模拟，尚需编制有效的子程序并与有限元分析通用软件结合，进行细致的运算分析。

为此，需要在结构和构件模型试验的基础上，提炼可有效表达连接构造的力学性能且简便实用的建模参数，提供可用于描述结构复位牵连作用和回倾性能的特征曲线，以构建更为合理的有限元模型，并提高模拟分析的可靠性。

目前，我国较多的大型建设工程和科研项目都依托国家超级计算中心，开展项目设计和模拟分析研究，取得了显著的成果。鉴于应县木塔在世界文化遗产领域的高度重要性和独特性，为确保木塔修缮工程的绝对安全，有必要获得国家超级计算中心的技术支持，利用其优越的编程系统和高性能运算系统，实现木塔按实际状态建模和对复位全过程安全控制的模拟分析。

第 7 章

应县木塔复位后的结构加固方法

7.1 结构加固的基本原则与主要任务

7.1.1 结构加固的基本原则

应县木塔在楼层复位和构件修缮后，需要进行结构加固，以提高楼层的整体稳定性和抗侧移刚度，有效地抵御今后可能遇到的更强的地震和风力作用，确保木塔长时期的安全。木塔的结构加固应遵循文物保护原则，在方案设计和施工技术方面努力做到“四个保持”。

1. 保持原有的建筑形制

木塔结构加固应注意保持原有的建筑形制和艺术风格。

在加固刚度薄弱的明层柱圈时，需要采取措施增加结构的环向和径向刚度，但不宜在柱圈的外部增设影响木塔外观的环向加固件，不宜在柱圈内部设置影响走廊通行的径向加固件，也不宜再用采光通风性能和建筑外观均较差的斜撑夹泥墙替换已有近百年历史的木板格子门。

对于内部严重损坏的木构件，如炮击开裂的梁枋、横纹压碎的梁端、扭转破碎的栱件等，凡能修补加固的，应尽量按原有的式样修复，并设法最大限度地保存其承载的历史信息。

2. 保持原有的建筑结构

木塔结构加固应注意保持原有的结构体系和构造特征。

木塔最重要的结构体系特征是竖向分层叠合。加固明层柱圈时，应尽量避免在上下楼层的结合部位添加整体刚度较大的竖向加固件，影响叠合体系所具有的层间抗震耗能特性。

加固损伤的木构架和斗栱时，注意保持构件原有的榫卯连接构造，避免采用刚度较大的钢板件加固构件节点部位，影响节点的半刚性转动性能。

对于加固柱圈而增设的构件，应尽量采用与原有构件一致的连接构造，使加固体与原有结构有效结合，共同体现原有结构的力学性能。

3. 保持原有的建筑材料

木塔结构加固应注意保持原有的木质精华和材料特征。

结构整体加固需增设的木构件，以及损坏严重需局部更换的木构件，都应尽量采用与原材同树种的木材制作，并适当采用传统工艺对增设的构件进行做旧处理，以尽量减少新旧构件的色差。局部加固木构件时，尽量避免采用与木材色差较大的碳纤维材料粘贴和包裹构件。

木塔的木材经过近千年的环境作用，已基本完成材料的干缩过程。结构加固所用的新材，需预先进行充分的干燥，使之接近原有构件的材料性能。

木塔的构件基本上处于良好的无腐蚀、无虫蛀状态，这是其长期保存的重要材料特征。结构加固所用的新材，必须按规定进行严格的防腐、防蛀处理，确保不对原有木材产生任何不利影响。

4. 保持原有的工艺技术

木塔结构加固应注重保持原有的工艺方法和技术特征。

木塔在原有构件的制作、结合以及结构的安装方面都体现了辽、宋时期的工艺方法和技术特征，在之后的结构加固工程中也糅合了元、明、清时期的构件制作和加工特点，是中国木构架古建筑营造和修缮方法考证的重要依据。在结构加固工程中，应尽量保存这些历代遗留的工艺信息。

在进行构件修缮、局部更换或增设构件时，尽可能采用传统的工艺方法和技术，如木结构的打牮拨正、托梁换柱、墩接暗榫等在实践中得到验证的有效工艺方法，并合理地引入现代机械装置和测量仪器，进一步提高传统工艺的工作效率和施工过程的安全性。

7.1.2 结构加固的主要任务

1. 楼层加固的主要任务

（1）在木塔的五个明层和四个暗层中，第二层明层与其上、下暗层的刚度比较小，且承受的荷载相对较大，是整体结构的薄弱层，其变形损伤程度也最为严重。因此，以第二层明层为重点来研制结构加固方案。

（2）第三层明层的变形损伤程度较第二层明层略轻，可参照第二层明层的加固方案并进行适当的调整和简化，以节省材料、减少工程量。

（3）第四、五层明层的变形较小，损伤程度较轻，可按照传统方法对一些薄弱的构件进行加固，提升结构的整体受力性能。

（4）木塔暗层的整体性较好，变形损伤小，但在第二、三层平坐中仍有一些柱子和草栿开裂（见第 3.2.2 节），需进行修缮加固。此外，对于第二层平坐中斜撑与柱顶相交的节点部位，需要用木楔紧固，为其上的平坐斗栱层和第二层明层提供可靠的支承。

2. 二层明层加固的主要任务

第二层明层目前存在的主要问题如下：

（1）柱圈中的 32 根柱子，是承受竖向荷载和抵抗水平推力的关键构件。每根柱子均由主柱和辅柱组合，但两者的结合较为松散，未能很好地发挥协同受力作用。

（2）在外槽柱圈和内槽柱圈中，均未设置斜向支撑，且连接主柱柱头的阑额、普拍枋破损严重，柱圈的环向刚度较为薄弱。

（3）在内、外槽柱圈之间，主要以斗栱层中的乳栿作为拉结构件，但因乳栿下面的第一跳华栱和栌斗皆变形破损严重，难以将乳栿的拉结作用有效地传递到柱圈，导致内、外柱圈的径向刚度和整体抗侧移能力不足。

鉴于上述情况，二层明层加固的重点和任务如下：

（1）以柱圈中的主柱、辅柱为重点，通过改进两者的结合方式，形成主辅柱组合体，提高柱子的承载能力和整体稳定性。

（2）以加固后的主辅柱组合体为骨干，分别沿内、外槽柱圈的内侧增设环向内箍和剪刀撑，提高柱圈的环向刚度。

（3）在内、外槽角柱的上部与斗栱层乳栿之间，增设径向桁架，加强柱圈与斗栱层的结合程度，提高柱圈的径向刚度和抗变形能力。

7.2　结构加固的基本方法与技术措施

7.2.1　主辅柱整体性加固

1. 现状分析

由第 2 章中历史修缮资料可知，现有明层中的辅柱，是金代明昌年间修缮木塔时，为增加主柱的承载能力而设置（见图 2.1）。主柱的截面为圆形，柱径约为 60cm，柱脚叉立在地栿上，柱顶用阑额、普拍枋相连。辅柱的截面为抹角方形，截面尺寸为 38cm×28cm 左右。柱头开凹槽，支顶于主柱内侧柱头铺作第一跳的华栱头下，柱脚放在楼板上。各辅柱之间无横向拉结件。

从构造上看，主辅柱之间为松散并立结合，一些开裂松脱的主辅柱，在柱头、柱脚处用铁箍拉结，由于两柱形状和尺寸均不相同，无法箍紧。在第二层明层中，较多采用在辅柱的中部挖孔，将大头铁钉从孔中钉入主柱的方式进行紧固（见图 1.18），但紧固点少，加之木材干缩，两柱间缝隙仍然较大。因此，在竖向荷载和水平力作用下，主辅柱呈各自受力、变形状态，不能发挥整体效应。此外，当辅柱支顶的第一跳华栱歪扭破裂后（见图 1.23），其承受的部分竖向荷载转移至栌斗，辅柱协助主柱承受荷载的功能明显减弱。

2. 加固目标

（1）加强主辅柱的构造连接，使之成为组合体，两者共同受力并提高整体效应。

（2）对内、外槽全部主辅柱进行加固，提高柱圈的整体抗压和抗侧移能力。

3. 技术措施

（1）在主辅柱之间加入结合板，与主柱、辅柱的内表面紧密贴合，并用环氧树脂黏结。然后，在主辅柱的上、中、下部，分别用两根螺栓紧固，形成整体性好、截面上小下大的组合柱（图 7.1）。

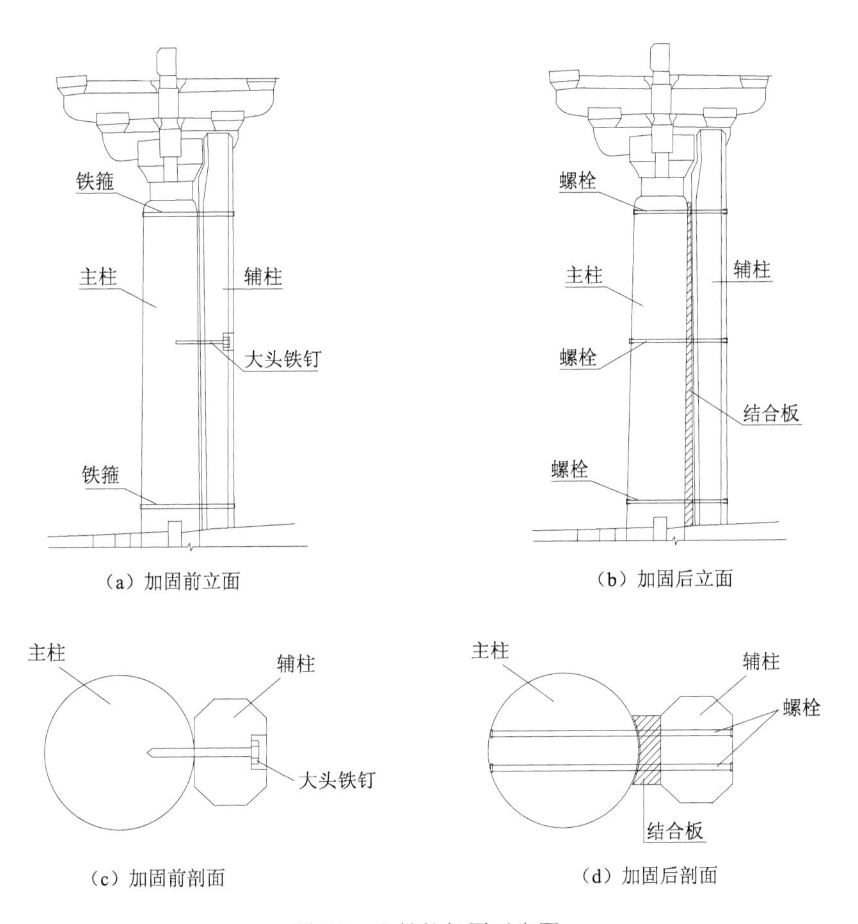

图 7.1　主辅柱加固示意图

（2）结合板采用与辅柱相同的木材制作。结合板的宽度与辅柱内表面宽度相同，与辅柱贴合的一面为平面，与主柱贴合的一面为圆弧形（或为平面，需根据各主辅柱之间的实际结合面形式确定）。结合板的厚度为上小下大，顶部厚度可取 5cm，底部厚度可取 10cm。这样的处理方式，既可增大组合柱的底部承压面积，又使辅柱从加固前的向内倾斜转为竖直状态。

（3）主辅柱的结合加固施工，可利用第 6 章介绍的多功能支架作为施工支架，采用传统的托梁换柱工艺进行。

4. 加固效果

与原有的主辅柱松散结合体相比，加固后的主辅柱组合体整体性好、截面尺寸大，增大了承压面积和回转半径，其竖向承载能力、抗侧移能力和整体稳定性都可得到明显的提高。

7.2.2 内、外槽柱圈环向加固

1. 现状分析

民国期间修缮木塔时，将外槽柱圈原有的斜撑夹泥墙拆除，用木板格子门代替（见图 2.7），美化了塔体外观，并改善了塔内通风采光条件。因木板格子门无斜向支撑，柱圈环向刚度有一定程度的降低。

木塔的内槽柱圈为原有结构，主柱之间设间柱，并用半高栅栏连接（见图 1.17）。柱圈中无斜向支撑，环向刚度也较薄弱。

木塔内、外槽辅柱的柱脚都平搁在地板上，柱头支立在第一跳华栱之下，辅柱的上、下端均缺乏环向拉结，不能为柱圈提供环向刚度。

2. 加固目标

（1）以加固后的每根主辅柱组合体为骨干，在辅柱的上、下端分别设置环向拉结件，形成两道环向内箍。

（2）在辅柱与上、下两道环向内箍之间设置剪刀撑，增强柱圈的整体环向刚度。

3. 技术措施

（1）分别沿内、外槽柱圈的辅柱之间，在柱脚处增设内箍地栿，在柱头处增设内箍阑额，形成柱圈的上、下两道环向内箍（图 7.2～图 7.4）。

（2）对于外槽柱圈，在柱圈内侧的辅柱与内箍地栿、内箍阑额之间，按间的大小设置交叉剪刀撑，形成外槽环向剪刀撑（图 7.3）。其中，留出四个正面的明间不设剪刀撑（图 7.3（b）），以保证进出走廊的畅通。

（3）对于内槽柱圈，在柱圈内侧的辅柱与内箍地栿、内箍阑额之间，按间的大小设置交叉剪刀撑，形成内槽环向剪刀撑（图 7.4）。因内槽中设有佛像，为便

于游客观瞻，可留出四个正面的明间作为通视面，不设剪刀撑（图 7.4（b））。

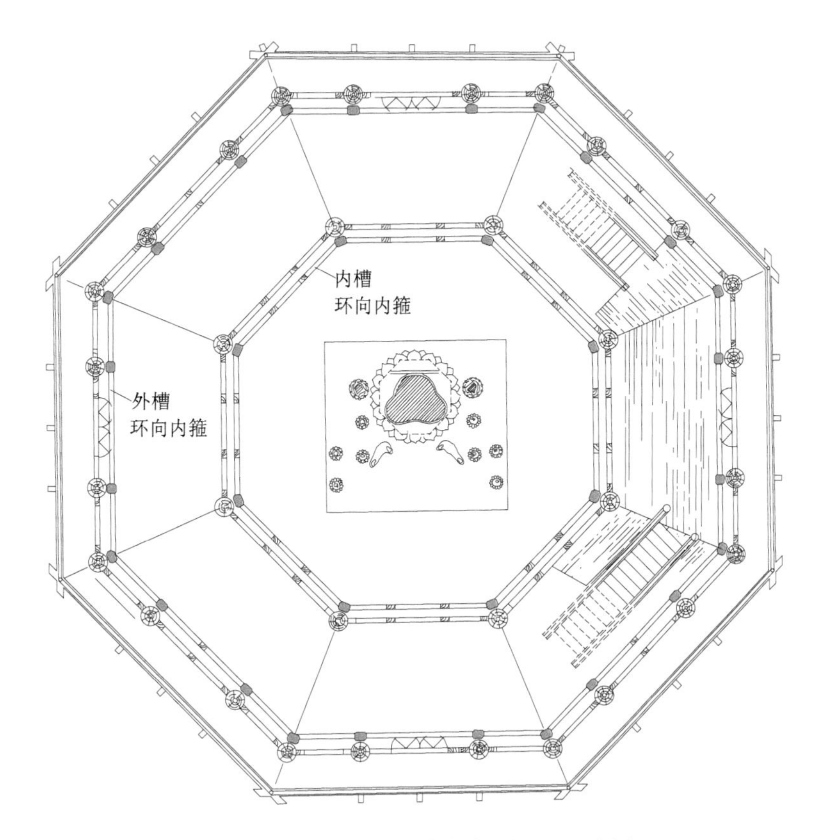

图 7.2　内、外槽环向内箍加固平面示意图

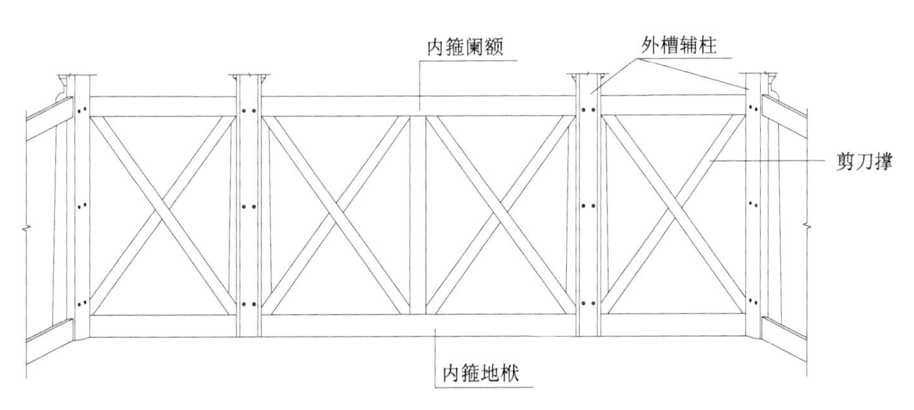

（a）用于四个斜面

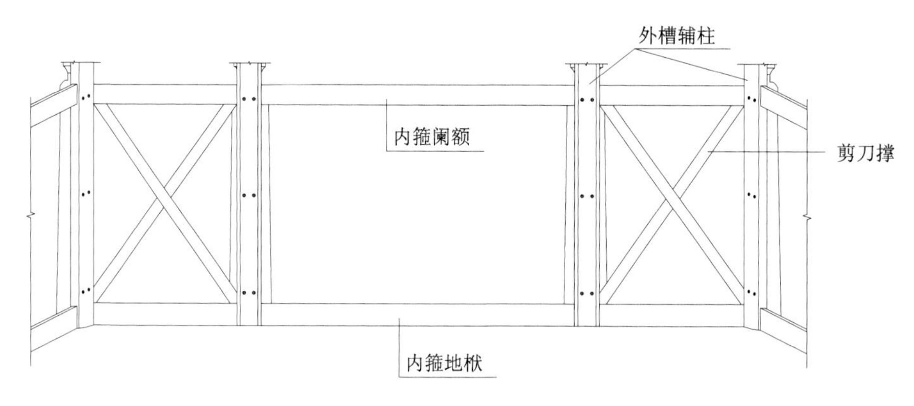

（b）用于四个正面

图 7.3　外槽环向剪刀撑加固示意图

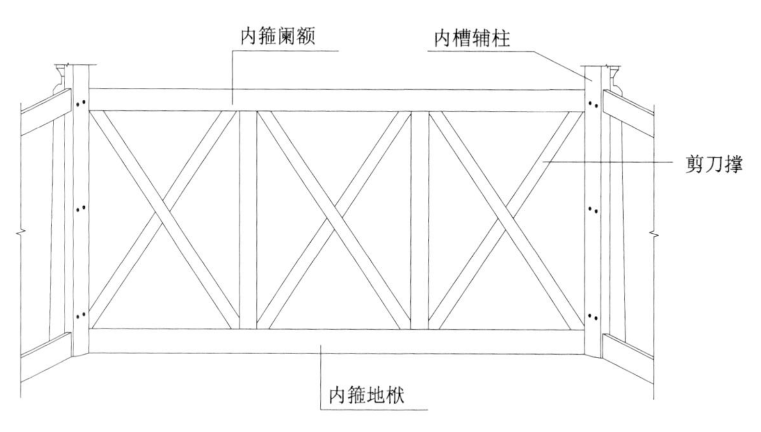

（a）用于四个斜面

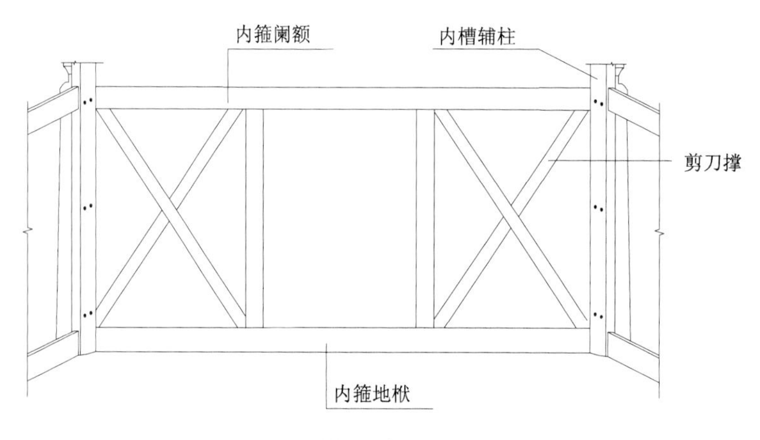

（b）用于四个正面

图 7.4　内槽环向剪刀撑加固示意图

（4）环向内箍地栿和阑额的截面高度可取 30cm，截面宽度可取 20cm，在两根辅柱之间采用通长木材制作。剪刀撑的竖杆和斜杆的截面尺寸可取 20cm×20cm。

（5）环向内箍和剪刀撑采用与辅柱相同树种的木材制作，各杆件的连接部位要求紧密结合，采用榫卯接头，形成半刚性节点。

4. 加固效果

在内、外槽柱圈的内侧增设环向内箍和剪刀撑，可显著提高柱圈的整体性和环向刚度，且不影响木塔的外观，不影响楼层内外的通行。

柱圈环向内箍和剪刀撑的设置，将明显改善原有结构较为单薄的状况，能增加登塔游客的安全感。此外，由于环向剪刀撑设置在辅柱之间，且采用与柱圈同树种的木材制作和做旧，故不会使游客形成较大的视觉差异。

7.2.3 内、外槽柱圈径向加固

1. 现状分析

明层的内槽为大空间，用于安置佛像，不可能进行整体径向加固，也不宜设置径向加固件。因此，明层柱圈的径向加固，只能在内、外槽柱圈之间实施，且加固件宜设置在柱圈的上部，避免影响走廊交通。

在内、外槽柱圈之间，第一跳华栱之上的乳栿是内、外槽斗栱的主要拉结件，对角柱的变形也起着重要的约束作用。目前，大多数乳栿保持着良好的状态，但角柱柱头之上的栌斗和第一跳华栱大多已变形和破损（见图 1.22、图 1.23），不能将乳栿的约束作用有效地传递到角柱。因此，斗栱层对柱圈的侧向变形的制约能力被削弱。

2. 加固目标

（1）在内、外槽柱圈八个角区柱子的上部设置径向桁架，加强内、外槽柱圈的拉结，提高柱圈径向整体性和抗侧移刚度。

（2）利用径向桁架将斗栱层中的乳栿与角区柱头紧密结合，以充分发挥斗栱层对柱圈的拉结和约束作用。

3. 技术措施

（1）在内、外槽柱圈八个角区设置径向桁架，如图 7.5 所示。每个角区设三片桁架，三片桁架在平面上的位置与转角斗栱中的三根乳栿相对应。

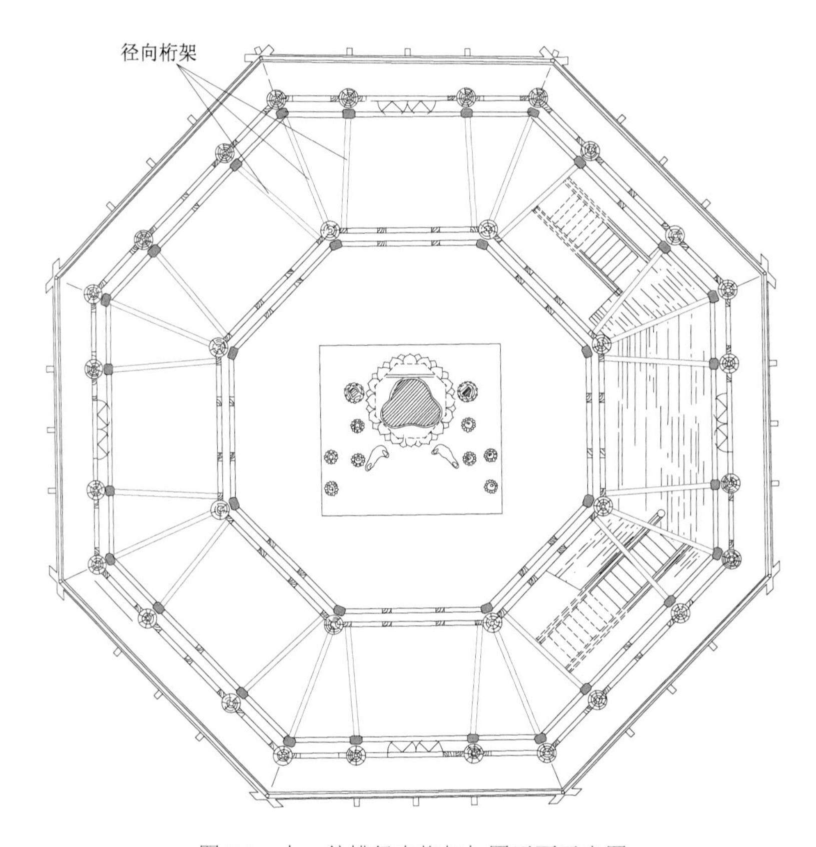

图 7.5　内、外槽径向桁架加固平面示意图

（2）径向桁架设置在内、外槽柱的上部和斗栱层乳栿之间，如图 7.6 所示。径向桁架做成梯形，其上框紧贴乳栿的底部，下框可与内槽主柱阑额齐平，两侧斜框避开柱上栌斗和第一跳华栱，上、下框内设竖杆和斜杆。

在楼梯与乳栿的相交部位，为便于上下楼通行，可不设径向桁架，仅在两侧柱头与乳栿之间设置斜向支撑。

（3）采用螺栓将径向桁架的上框与乳栿拉结，将下框与内、外槽柱头（或阑额）拉结。

（4）径向桁架的外框采用通长木材制作，上、下框的截面尺寸相同，高度取

25cm、宽度取 20cm，竖杆和斜杆的截面尺寸取 20cm×20cm。

对于在楼梯与乳栿相交部位设置的斜向支撑，其截面尺寸可适当放大，取为 25cm×25cm。

（5）径向桁架采用与辅柱同树种的木材制作，各杆件的连接部位要求紧密结合，宜采用榫卯接头形成半刚性节点。

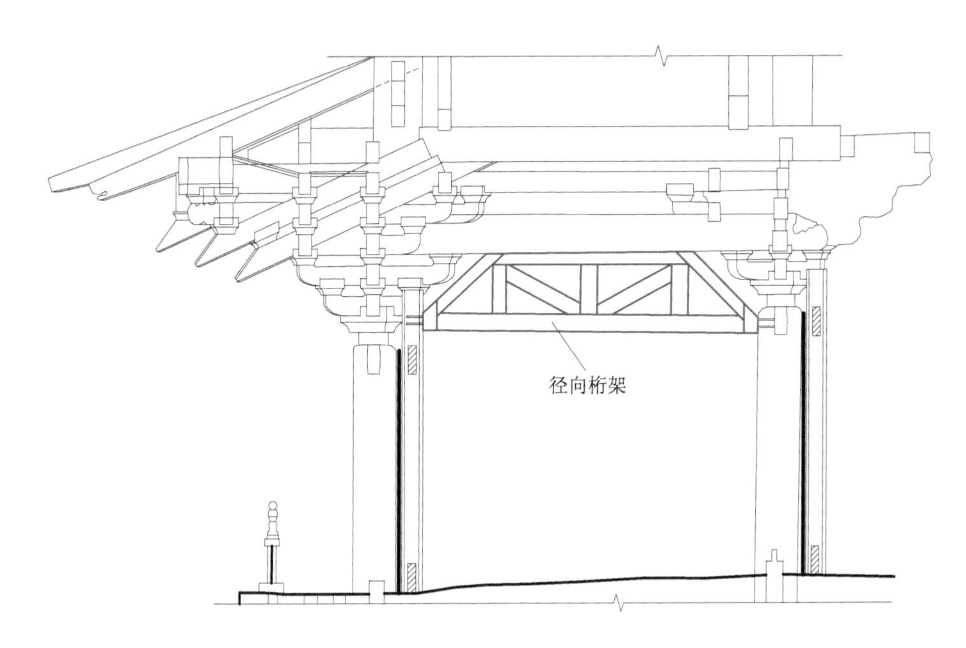

图 7.6　内、外槽径向桁架加固立面示意图

4. 加固效果

采用径向桁架加固柱圈角柱区，并将乳栿与内、外槽柱头拉结，加强了斗栱层与内、外柱圈的结合，不仅能提高柱圈的径向刚度，也可增强楼层的整体稳定性。

径向桁架采用梯形外框，两端避开了柱上栌斗和第一跳华栱薄弱区，且不影响该部位在地震作用下的相对变形和耗散能量。

径向桁架下框的底部与内槽柱阑额的底部齐平，与楼地板之间的净高约为 2.8m，不影响楼道的通行，也不影响内、外槽之间的通视。

参考文献

陈明达. 2001. 应县木塔. 北京: 文物出版社.

邓扬, 李雨航, 李爱群. 2021. 地震与风作用下应县木塔结构响应及监测. 中国文化遗产, 3: 40-46.

方应财, 袁建力, 杨韵. 2015. 应县木塔顶-拉复位工艺模型试验研究. 建筑结构学报, 10: 124-130.

冯锐, 阎维彰, 冯国政, 等. 1998. 层析技术用于考古——山西应县木塔的基础结构. 地震学报, 2: 201-209.

葛家琪, 柴晓明, 刘金泰. 2021. 不可移动文物安全稳定风险防控现状与思考——以应县木塔为例. 中国文化遗产, 1: 4-12.

国家文物局. 2014. 关于应县木塔严重倾斜部位及严重残损构件加固工程的批复. 文物保函〔2014〕237 号, 2014 年 3 月 21 日.

国家文物局. 2016. 关于应县木塔严重倾斜部位及严重残损构件加固工程施工深化和优化设计方案的批复. 文物保函〔2016〕25 号, 2016 年 2 月 5 日.

侯卫东, 王林安, 永昕群. 2016. 应县木塔保护研究. 北京: 文物出版社.

李海旺, 李铁英, 秦冬祺, 等. 2006. 应县木塔抗震修缮两用钢塔架与木塔协同工作性能研究. 工业建筑, (增刊): 374-380.

李诫. 2006. 营造法式. 北京: 中国建筑工业出版社.

李世温. 1982. 应县木塔对地震的反应. 自然科学史研究, 3: 283-288.

李世温, 李庆玲. 2015. 应县木塔: 中国精致建筑 100. 北京: 中国建筑工业出版社.

李铁英, 魏剑伟, 张善元, 等. 2005a. 高层古建筑木结构——应县木塔现状结构评价. 土木工程学报, 38(2): 51-58.

李铁英, 魏剑伟, 张善元, 等. 2005b. 应县木塔实体结构的动态特性试验与分析. 工程力学, 22(1): 141-146.

李铁英, 张善元, 李世温. 2002. 古木塔风压模型试验分析. 实验力学, 17(3): 354-362.

梁思成. 2007. 梁思成全集(第十卷). 北京: 中国建筑工业出版社.

刘光勋. 2002. 山西应县木塔在地震科学研究中的地位和意义——兼谈应县木塔维修方案的意见. 山西地震, 4: 28-29.
刘国梁. 1995. 佛宫寺释迦塔现状测绘的控制测量. 北京建筑工程学院学报, 11(1): 65-70.
马炳坚. 2006. 山西应县木塔应当怎样修. 古建园林技术, 2: 7-8.
孟繁兴, 陈国莹. 2006. 古建筑保护与研究. 北京: 知识产权出版社.
孟繁兴, 张畅耕. 2001. 应县木塔维修加固的历史经验. 古建园林技术, 4: 29-33.
王林安, 侯卫东, 永昕群. 2012. 应县木塔结构监测与试验分析研究综述. 中国文物科学研究, 3: 62-67.
王林安, 肖东, 侯卫东, 等. 2010. 应县木塔二层明层外槽柱头铺作解构. 古建园林技术, 2: 6-10.
王瑞珠, 等. 2016. 卸荷存真——应县木塔介入式维护方案研究. 建筑遗产, 1: 74-87.
王世仁. 2006. 关于对山西应县木塔保护工程抬升修缮方案的意见. 古建园林技术, 2: 6-7.
王天. 1992. 古代大木作静力初探. 北京: 文物出版社.
魏德敏, 李世温. 2002. 应县木塔残损特征的分析研究. 华南理工大学学报, 30(11): 119-121.
魏剑伟, 李铁英, 张善元, 等. 2003. 应县木塔地基工程地质勘测与分析. 工程地质学报, 11: 70-78.
肖毓恺, 秦冬祺. 1993. 试论应县木塔不落地(架)维修的可行性. 太原工业大学学报, (s1): 165-172.
薛建阳, 张雨森. 2019. 应县木塔结构变形现状及分析. 建筑科学与工程学报, 36(1): 32-40.
杨娜, 郭丽敏, 永昕群, 等. 2021. 应县木塔结构问题研究现状综述. 古建园林技术, 2: 69-74.
杨欣荣, 沈可, 张进军. 2005. 中国山西应县木塔塔基岩土工程特征. 科学之友, (z1): 163-166.
杨韵, 袁建力, 陈良. 2015-11-18. 倾斜木构架建筑的张拉复位装置: ZL201520516760.8.
永昕群. 2021. 应县木塔科学价值、倾斜变形与保护路径探析. 中国文化遗产, 1: 23-38.
永昕群, 侯卫东. 2013a. 应县木塔结构现状与已有加固措施. 中国文物报, 2013-9-20, (3).
永昕群, 侯卫东. 2013b. 应县木塔勘察测绘研究回顾. 中国文物报, 2013-8-30, (3).
袁建力, 陈韦, 王珏, 等. 2011. 应县木塔斗栱模型试验研究. 建筑结构学报, 32(7): 66-72.
袁建力, 方应财. 2015-11-25. 楼阁式木构架建筑的变形复位加固方法: ZL 201410089213.6.
袁建力, 刘殿华. 2007-10-17. 楼阁式木塔扭倾变形的张拉复位方法: ZL200510095358.8.
袁建力, 杨韵. 2017. 打牮拨正——木构架古建筑纠偏工艺的传承与发展. 北京: 科学出版社.
袁建力, 朱烨. 2021. 落架大修——木构架古建筑拆修工艺的研究与应用. 北京: 科学出版社.
袁建力, 杨韵, 彭胜男. 2016-4-27. 变形木构架建筑的复位-安保多功能支架: ZL 201410494520.2.
袁建力, 施颖, 陈韦, 等. 2012. 基于摩擦-剪切耗能的斗栱有限元模型研究. 建筑结构学报, 33(6): 151-157.
张建丽. 2007. 应县木塔残损状态实录与分析. 太原: 太原理工大学.
张伟. 2006. 应县木塔维修保护工作的回顾与反思. 中国文物报, 2006-11-10, (5).
中华人民共和国建设部. 1993. 古建筑木结构维护与加固技术规范: GB 50165—92. 北京: 中国

建筑工业出版社.

中华人民共和国建设部. 2006. 木结构设计规范(2005 年版): GB 50005—2003. 北京: 中国建筑工业出版社.

中华人民共和国住房和城乡建设部. 2013. 古建筑修建工程施工与质量验收规范: JGJ 159—2008. 北京: 中国建筑工业出版社.

中华人民共和国住房和城乡建设部. 2016. 建筑变形测量规范: JGJ 8—2016. 北京: 中国建筑工业出版社.

中华人民共和国住房和城乡建设部. 2018. 木结构设计标准: GB 50005—2017. 北京: 中国建筑工业出版社.

中华人民共和国住房和城乡建设部. 2020. 古建筑木结构维护与加固技术标准: GB/T 50165—2020. 北京: 中国建筑工业出版社.

周俊召, 王新征, 乔禹, 等. 2021. 应县木塔变形监测的技术与方法. 中国文化遗产, 1: 39-44.

YUAN J L, FANG Y C, Shi Y, et al. 2013. Finite element analysis model of Ying-Xian Timber Pagoda based on the conformation character and damaged condition. International Journal of Earthquake Engineering, Special Issue on Timber Structures, 4: 100-109.

YUAN J L, PENG S N, SHI Y, et al. 2016. Research on restoration scheme of Ying-Xian Timber Pagoda. Proceedings of 10th International Conference on Structural Analysis of Historical Constructions, Belgium, 1143-1149.

索　　引